Für Bea und Ryan,
zwei ganz besondere Menschen

John P. Eaton und
Charles A. Haas

Überarbeitete und erweiterte Ausgabe

© 1997 für die deutsche Ausgabe:
HEEL Verlag GmbH
Wintermühlenhof
53639 Königswinter
Tel.: 02223 / 9230-0
Fax: 02223 / 923026

© 1996 für die englische Originalausgabe:
Haynes Publishing
Sparkford, Nr Yeovil
Somerset BA22 7JJ
England
Englischer Originaltitel: Titanic - Destination Disaster

Verantwortlich für den Inhalt: © John P. Eaton und Charles A. Haas

- Alle Rechte vorbehalten -

Übersetzung: Walther Wuttke, Bad Honnef
Titelgestaltung: Grafikbüro O. Schumacher, Königswinter
Layout: ARTCOM, Iris Wendel
Druck: Ellwanger, Bayreuth

ISBN 3-89365-595-6

Inhalt

Einleitung		7
Kapitel eins	**Eisberg voraus**	9
Kapitel zwei	**Lichter in der Nacht**	37
Kapitel drei	**Die Welle der Begeisterung**	53
Kapitel vier	**Aus allen Richtungen**	67
Kapitel fünf	**Park Lane und Scotland Road**	75
Kapitel sechs	**Nach Westen, dem Schicksal entgegen**	85
Kapitel sieben	**Stadt der Trauer**	97
Kapitel acht	**Fragen, Antworten, Fragen**	106
Kapitel neun	**Die Zeit vergeht**	123
Kapitel zehn	**Irgendwo im Nordatlantik**	131
Kapitel elf	**Titanic: Gestern, heute, morgen**	148
Anhang eins		169
Anhang zwei		170
Anhang drei		124
Anhang vier		178

Einleitung

Titanic - der Name ist ein Symbol für Katastrophe, Untergang, unabänderliche Vorsehung, für das menschliche Versagen an sich geworden.

TITANIC. . .

Das neueste und schönste Passagierschiff der Welt war während der Jungfernfahrt nach der Kollision mit einem Eisberg gesunken und hatte 1523 Menschen in den nassen Tod gerissen.

Titanic - wäre der Name dieses Schiffs nicht mit einer der denkwürdigsten maritimen Katastrophen verbunden, der Name würde heute in einem ganz anderen Zusammenhang stehen. Wie bei keinem anderen Schiff vor ihr, verband die Titanic Luxus und Komfort. Ihre Größe übertraf bei weitem die der anderen großen Linienschiffe. Ihre Ausrüstung und ihre Technik waren vom Besten, was sich für Geld kaufen ließ.

Hätte die Titanic ihre Laufbahn „normal" beendet, so wäre sie in die Ruhmeshalle der Seefahrt eingezogen, neben Linienschiffen wie der Mauretania, Aquitania, Europa, Queen Mary, Normandy und United States - ebenfalls Luxusdampfer von großer Schönheit.

Dennoch war die Titanic während ihrer kurzen Karriere der Stolz ihrer Besitzer und Konstrukteure und der Länder, die sich auf irgendeine Weise mit ihr verbunden fühlten.

Während ihrer einzigen so abrupt beendeten Fahrt führte eine Fehleinschätzung nach der anderen schließlich dazu, daß sich die tödliche Kette schloß. Warnungen wurden in den Wind geschlagen. Irrtümer in den Sicherheitsstandards und der Navigation verbanden und verstärkten sich so, daß sie schließlich zum unvermeidlichen tragischen Ende führen mußten.

Doch ihr Untergang führte auch zu neuen Sicherheitsregeln und Navigationsvorschriften für die verantwortlichen Menschen an Bord der Schiffe.

Schon während ihres kurzen Lebens hatte sich um die Titanic ein Mythos gebildet. Die Geschichten um die Passagiere und die Besatzung auf der Jungfernfahrt hatten alle Elemente, um daraus Legenden zu weben. Und ihr Verlust war ein hervorragender Katalysator für die Phantasie der Zeitgenossen. Eben diese Mischung aus Mythos und Phantasie von Journalisten und Schriftstellern machte es im Laufe der Zeit so besonders schwer, zwischen Wirklichkeit und Märchen zu unterscheiden.

Wenn man sich mit den Tatsachen im Zusammenhang mit der Titanic beschäftigt, darf man Mythos und Phantasie dennoch nicht außer Acht lassen. Selten hat es ein

Schiff gegeben, über das so viele Tatsachen bekannt sind. Noch nie hat es aber auch ein Schiff gegeben, dessen Geschichte hinter so vielen Irrtümern verschwommen ist, dessen Legende so hartnäckig lebt.

Die Titanic begann ihre Laufbahn mit der Kiellegung am 31. März 1909. Am 31. Mai 1911 lief sie vom Stapel und am 10. April 1912 schließlich begann sie ihre triumphale Jungfernfahrt. Am 15. Dezember dann die Katastrophe, als ein Eisberg ihre Außenhaut aufschlitzte und das Schiff zum Untergang verurteilte.

Doch dank der einmaligen Mischung aus Romantik und Realismus lebt ihr Name bis heute weiter.

Das kurze Leben der Titanic, ihr Untergang und ihre Legende sind der passende Stoff für Wunder und Unglaubliches. Vom Auslaufen bis zum Ende ist es die Geschichte eines phantastischen Linienschiffes mit dem unabänderlichen Ziel: Untergang.

Einführung zur zweiten Auflage
Seit dem Schreiben der ersten Auflage ist wenig mehr als ein Jahrzehnt vergangen - Jahre der Desillusionierung für einige Zeitgenossen, Jahre des Triumphes für andere.

Der Text der neuen Ausgabe wurde im wesentlichen vom ersten Buch übernommen. Änderungen wurden nur da vorgenommen, wo sich im Laufe der Zeit neue Erkenntnisse durchgesetzt haben.

Das zehnte Kapitel wurde unverändert übernommen. Jack Grimms vergebliche Wracksuche im Jahr 1980 ebnete den Weg für Capt. Jean-Louis Michel und Dr. Robert Ballard. 1985 entdeckten sie das Wrack und erforschten es 1986. Die damals vom Wrack gehobenen Gegenstände können heute besichtigt werden.

Ein wichtiger Teil der Titanic-Geschichte sind die Bilder vom Schiff und aus dessen Epoche. Neue Schwarzweiß-Aufnahmen und eine ganze Reihe von Farbfotos zeigen die Titanic wie sie 1912 war und wie sie heute auf dem Meeresboden ruht.

Um diese Gegenstände angemessen würdigen zu können, muß man die technischen und intellektuellen Schwierigkeiten, die mit ihrer Bergung verbunden waren, kennen.

Die Autoren hoffen, daß die zweite Auflage von „Titanic - Legende und Wahrheit" bei diesem Verständnis hilfreich sein kann.

„Ohne Kampf gibt es keinen Fortschritt." - Frederick Douglass

John P. Eaton, New York
Charles A. Haas, Randolph, New Jersey
September 1995

EINS

Eisberg voraus

An Bord der Titanic. Auf See. Kurs westwärts.
Sonntag, 14. April 1912.

An Land war es ein Tag der Ruhe, auf See herrschte die Routine. Wie immer mußten Mahlzeiten zubereitet und serviert, das Silber poliert, die Decks geputzt und Passagiere bedient werden. Während der Jungfernfahrt galt es, die Technik zu überprüfen, ihre Leistungsfähigkeit zu dokumentieren. Und ganz unten im Schiff wurde Kohle für die Dampfkessel geschippt, damit die Geschwindigkeit Richtung Westen unverändert hoch blieb.

In den Salons und den Raucherzimmern gab es Gerüchte über eine Rekordüberfahrt. Viele Passagiere und auch Besatzungsmitglieder vermuteten, daß die Reederei versuchte, das Schiff mit einem neuen Geschwindigkeitsrekord auf dem Weg nach New York im besten Licht erscheinen zu lassen. Die Gerüchte bezogen ihre Nahrung aus der Tatsache, daß die Zahl der täglich zurückgelegten Meilen ständig stieg. Der Direktor der White Star Linie, J. Bruce Ismay, so erzählte man sich an Bord, hatte beim Aufenthalt in Queenstown den Chefingenieur Joseph Bell zu einem Gespräch in seine Kabine gebeten. Dort hatten sich die beiden Männer angeblich über einen möglichen Rekord unterhalten.

Tatsächlich ging das Gespräch aber angesichts des Streiks in den Bergwerken über den Kohlevorrat an Bord. Es ging nicht um eine beschleunigte Ankunft in New York Dienstagnacht statt Mittwochmorgen, was zudem bedeutet hätte, daß die Titanic ihr Dock nicht hätte anlaufen können.

Ismay sagte später bei der britischen Untersuchung aus, daß er mit Bell darüber gesprochen hatte, das Schiff am Montag bei gutem Wetter über mehrere Stunden unter Vollast fahren zu lassen. Aus Zeitmangel war die Titanic nie unter Volldampf getestet worden. Dieser Test hätte die Werftmitarbeiter und die eigene Mannschaft mit wichtigen Daten versorgt.

Am Sonntag standen 24 der 29 Kessel unter Dampf. Während des Tages wurden die restlichen fünf auf den Test am nächsten Tag vorbereitet. Sie wurden allerdings niemals unter Dampf gesetzt. Mit 84 Prozent ihrer Leistung brachten es die Schrauben auf 75 Umdrehungen pro Minute, was ungefähr einer Geschwindigkeit von 21,5 Knoten entsprach. Die Höchstgeschwindigkeit wurde auf 22, höchstens aber 24 Knoten geschätzt.

Damit war sie weit von den 26 Knoten der Mauretania entfernt. Der Test am Montag sollte die Leistung endlich zeigen . . .

Die Routine an Bord unterschied sich sonntags durch zwei Dinge: Es gab keine Inspektion, aber einen Gottesdienst, der für die Passagiere aller Klassen um halb elf morgens im Eßsaal der ersten Klasse stattfand. Captain Smith benutzte bei seiner Andacht nicht das übliche Gebetbuch der Church of England, sondern die Version seiner Reederei. Das Orchester steuerte die musikalische Untermalung bei und schloß den Gottesdienst gegen elf Uhr mit dem Choral „O God Our Help in Ages Past" ab.

Smith wußte, daß während er den Gottesdienst abhielt, jenseits des Horizonts eine Gefahr auf sein Schiff wartete. Um neun Uhr morgens hatte die Titanic eine Nachricht von der Caronia, die von New York nach Liverpool unterwegs war, erhalten:

> „Kapitän Titanic - Westwärts fahrende Dampfer berichten von großen und kleinen Eisbergen, -schollen und Eisfeldern auf 42 Grad Nord und von 49 Grad bis 51 Grad West, 12. April. Viele Grüße, Barr."

Die Botschaft wurde auf die Brücke gebracht. Smith befestigte sie für seine Offiziere am schwarzen Brett.

Sonntag, 14. April. Der Tag war hell und frisch. Gegen Nachmittag begann die Temperatur fühlbar zu sinken. Die Passagiere verließen die Decks und zogen sich in die warmen Aufenthaltsräume, die Bibliothek oder Raucherzimmer zurück. Das Gemurmel wurde hin und wieder von einem hellen Lachen, leicht klirrenden Teetassen oder sich zuprostenden Passagieren unterbrochen. Die nach draußen führenden Türen waren geschlossen, doch die Passagiere konnten durch die riesigen, gut zwei Meter hohen Fenster die vorbeirauschende See beobachten.

Im Leseraum der ersten Klasse, wo der Boden mit rosafarbenem Teppichboden ausgelegt war, zu dem die in einem helleren Ton gehaltenen Gardinen hervorragend paßten, hatten sich die Passagiere in die Lektüre der Bücher und der vom Buchclub der „Times" zur Verfügung gestellten Magazine vertieft.

Die Stille der Bibliothek stand ganz im Gegensatz zu der aufgelockerten Atmosphäre im Rauchersalon, wo Whist, Poker und Bridge gespielt wurden. Hier gab es keinen Blick auf die See, das Licht kam durch mit Landschaftsdarstellungen, historischen und mythologischen Figuren bemaltes Glas in den Raum. Über dem Marmorkamin hing das riesige Ölgemälde „Plymouth Harbour" (der Hafen von Plymouth), gemalt von dem damals bekannten britischen Maler Norman Wilkinson, der auch für den Kamin der Olympic die „Annäherung an die neue Welt" geschaffen hatte.

Im großen Aufenthaltsraum unterhielt ein Trio des Titanic-Orchesters die Passagiere mit populären Songs der damaligen Zeit. Dazu gehörten Lieder aus Operetten, Musicals und der sensationellen neuen Musikrichtung Ragtime. Aber auch Kaffeehausmusik wurde von den Musikern dargeboten. Stücke aus den beliebten Singspielen „The Quaker Girl", „The Chocolate Soldier" und „The Merry Widow". Schmuckstücke aus den

Eisberg voraus _____ *11*

Gilbert-und-Sullivan-Operetten „Mikado", „Pirates of Penzance", „Iolanthe" gehörten ebenso zum Repertoire wie Walzer von Strauß und Waldteufel. Besonders beliebt waren „Songe d'Automne" des britischen Komponisten Joyce, „Oh You Beautiful Doll", „Alexander's Ragtime Band" und „The Navajo Rag".

Der Rauchersalon der zweiten Klasse im Heck des B-Decks, die Bibliothek darunter auf dem C-Deck waren genauso mit Passagieren belebt. Einige allerdings zogen sich auch wie Mrs. Esther Hart in ihre Kabinen zurück. Die meisten hielten sich jedoch in den Korridoren zwischen den Kabinen auf. Auf den geschlossenen Gängen neben der Bibliothek spielten Kinder. Der braune Teppichboden und die Mahagonimöbel der Bibliothek paßten harmonisch zu den grünen Seidengardinen. So entstand eine komfortable Atmosphäre, wie sie es auf anderen Schiffen höchstens in der ersten Klasse gab. Es war eine hervorragende Umgebung, um einen klaren, aber kalten Aprilabend zu verbringen.

Die fallenden Temperaturen hatten auch die Passagiere der dritten Klasse ins Innere getrieben. Im Gegensatz zu den meisten anderen Linienschiffen bot die Titanic auch ihnen komfortable Aufenthaltsräume, die zwar einfach ausgestattet, dafür aber hell und freundlich gehalten waren. Gerade an diesem Sonntagnachmittag war die Wärme des Raumes nach einem Spaziergang auf Deck besonders begehrt.

Für die Männer gab es einen Raucherraum und zwei Bars - eine vorne im Freien auf dem D-Deck und die andere neben dem Raucherraum auf dem C-Deck. Die Frauen und Kinder hielten sich meistens im Aufenthaltsraum auf der Steuerbordseite auf. Man darf wohl ziemlich sicher annehmen, daß die Kinder, obwohl die Stewards es verboten hatten, auf den Treppen und in den Korridoren der unteren Decks spielten.

Die beiden Funker an Bord der Titanic hatten keine Zeit, sich zu erholen oder Karten zu spielen. John George Phillips, 24 Jahre alt, ein erfahrener Marconi-Mann, verdiente 4,25 Pfund im Monat. Sein Kollege Harold Sidney Bride, 22 Jahre alt, brachte es auf 2,12 Pfund. Obwohl sie auf der Mannschaftsliste standen, bekamen sie ihr Gehalt von der Marconi International Marine Communications Company Ltd.

Die Marconi Company hatte mit der White Star Line einen Vertrag geschlossen, wonach die Mitteilungen zwischen Schiffen und der Reederei kostenlos gesendet wurden, wenn es um Navigation, Sicherheit und geschäftliche Dinge ging. Die Funksprüche durften jedoch einen täglichen Durchschnitt von 30 Worten nicht überschreiten. Jede Überschreitung wurde mit dem halben Tarif zusätzlich in Rechnung gestellt. Im Gegenzug sorgte White Star für freie Kost und Logis.

An diesem Sonntag, den 14. April, waren Bride und Phillips ausgiebig damit beschäftigt, Mitteilungen von und für die Passagiere zu senden und zu empfangen. Die Übertragungsqualität verbesserte sich merklich in der Nacht, und die von der leistungsstarken britischen Marconistation in Podhu (Funkname MPD) ausgesandten und anderen Schiffen weitergeleiteten Mitteilungen handelten von der Börse, allgemeinen Neuigkeiten und auch persönlichen Dingen.

Die Nachrichten wurden vom Purser auf einer Schreibmaschine getippt und dann im

Rauchersalon der ersten Klasse ausgehängt. Nach dem 1. Juni 1912 wurden diese Bulletins als „Ocean Times" zusammengefaßt und unter den Passagieren der White Star Line verteilt.

Natürlich wurden auch am Tag Mitteilungen gesendet und empfangen. Immerhin hatte das Schiff mit seiner 1,5 Kilowatt starken Anlage eine der leistungsfähigsten Funkeinrichtungen mit einer Reichweite am Tag von gut 400 Meilen, die sich nachts verdreifachte. Jetzt, nachmittags in der Mitte des Atlantiks, war man auf das Austauschen von Mitteilungen mit anderen Schiffen beschränkt.

Die Signale wurden auf eng nebeneinander liegenden Frequenzen gesendet, und das Kunststück bestand darin, die Mitteilungen für die eigene Station herauszufiltern. Um den Männern die Arbeit ein wenig zu erleichtern, hatte jede Station eine eigene Kennung. Die meisten britischen Schiffe hatten Kennungen, die mit einem „M" begannen, bei den Deutschen war es ein „D" und die amerikanischen Schiffe hatte das „N". Die Titanic hieß in den Funkwellen MGY, ihr Schwesterschiff Olympic MKC.

Die Stunden in der engen Funkerkabine waren lang, die Arbeit nervtötend und anstrengend. Wenigstens hatten Bride und Phillips das Glück, sich abwechseln und dem Partner auch helfen zu können. 1912 gab es noch keine Vorschrift, nach der sich mindestens zwei Mann die Arbeit teilen mußten und die Funkerkabine 24 Stunden besetzt sein mußte. Viele Passagierschiffe und Frachter hatten nur einen Funker, der während seiner Arbeit nur das eine oder andere Nickerchen halten konnte.

Die Funker waren angewiesen, alle Mitteilungen, bei denen es um Navigation oder Sicherheit ging, für den Kapitän abzufangen. An diesem Sonntag empfingen Bride und Phillips einige Funksprüche über das Eisfeld, auf das die Titanic gerade Kurs hielt. Der Funkspruch der Caronia von neun Uhr morgens war auf die Brücke gebracht worden und hing dort aus. Zu dieser Zeit hatte die Titanic die Position 43.35 N 43.50 W bei einem Kurs von S 62° W. Ihre Position hatte sich um 13.42 Uhr auf 42.34 N, 45.50 W geändert. Zu diesem Zeitpunkt traf eine Meldung der Athinai über die Baltic ein:

Capt. Smith Titanic:
„Der griechische Dampfer Athinai berichtet von Eisbergen und Packeis auf 41.51 N Breite und 49.52 W Länge."

Diese Mitteilung verhieß Eisberge nur einige Meilen vom Kurs der Titanic entfernt. Auch sie wurde sofort auf die Brücke gebracht und erreichte Kapitän Smith wenig später beim Mittagessen mit J. Bruce Ismay. Der Kapitän zeigte Ismay die Meldung und meinte, daß sein Schiff möglicherweise in Gewässer mit Eisgang geraten könne. Ismay steckte den Zettel in seine Tasche und zeigte ihn später anderen Passagieren, wobei er die Einschätzung des Kapitäns wiederholte. Die Meldung wurde nicht auf der Brücke ausgehangen und erst um 19.15 Uhr in das Logbuch eingetragen.

Etwas früher als vorgesehen erreichte die Titanic um 17.50 Uhr den sogenannten „Corner" in der Nähe des 42. Breitengrades, den das Schiff auf dem 47. Längengrad

West kreuzen sollte. An diesem Punkt wurde der Kurs von S 62° W auf S 86° W geändert.

Der helle Tag ging in die Dämmerung über und wurde von der dunklen Nacht abgelöst. Gleichzeitig fielen die Temperaturen. Während sich die Passagiere um 19 Uhr auf das Abendessen vorbereiteten, fiel das Thermometer auf sechs Grad. Wegen der zahlreichen Eismeldungen wurde eine Eisbergwache eingerichtet. Um 19.15 Uhr befahl der Wachoffizier William Murdoch dem Lampentrimmer Samuel Hemming, das Licht auf dem Vorderdeck zu dämpfen, um optische Täuschungen zu verhindern.

Um 19.30 war die Temperatur auf drei Grad gefallen. Der vierte Offizier Joseph Boxall, für die Navigation verantwortlich, ermittelte zu diesem Zeitpunkt mittels Sextanten die Position, als eine Mitteilung des Frachters Californian an den nach Osten fahrenden Frachter Antillan von Harold Bride abgehört wurde. Er brachte die Meldung auf die Brücke und übergab sie dort einem Offizier. Später konnte sich Bride nicht mehr genau erinnern, wem er die Meldung gegeben hatte. Die Californian hatte Eis in 42.3 N 49.9 W oder gut 19 Meilen von der Titanic entfernt gemeldet. Diese Mitteilung wurde nicht an Kapitän Smith persönlich weitergeleitet, weil er sich gerade im à-la-carte-Restaurant befand, wo er einer Einladung von Mr. und Mrs. George D. Widener gefolgt war. Zu den Gästen gehörten auch die Carters, Thayers und der Präsidentenberater Major Archibald Butt.

Das Schiff setzte seine Fahrt mit unveränderter Geschwindigkeit fort. Die Zeit verging. 20.00 Uhr, 20. 30 Uhr . . . Um 20.40 Uhr befahl der zweite Offizier Lightoller, der die Wache übernommen hatte, dem Zimmermann J. Maxwell, nach den Wasservorräten zu sehen, die in Gefahr standen einzufrieren. 21 Uhr . . . die Temperatur war auf Null gefallen.

Gegen 20.50 Uhr verabschiedete sich Kapitän Smith von seinen Gastgebern und begab sich auf die Brücke. Dort berichtete ihm Lightoller von den Wetterbedingungen

Die Funkstation in Cape Race (MCE) verbreitete die Nachricht der Titanic-*Katastrophe an andere Schiffe und über Telefonleitungen auch nach Montreal zur Verbreitung in ganz Nordamerika.* (Canadian Marconi Company)

und seinen Vorsichtsmaßnahmen, die er in Hinsicht auf Eis bereits unternommen hatte. Mit der Bemerkung, daß die Nacht ziemlich klar sei, verließ der Kapitän gegen 21.30 Uhr die Brücke und zog sich in seine Kabine zurück. Vorher ermahnte er noch Lightoller, daß ihm jede Veränderung im Wetter oder der Sichtweite sofort gemeldet werden sollte.

21.40 Uhr . . . in der Funkkabine hatte sich Bride gerade auf ein kleines Nickerchen zurückgezogen, um für den Nachtbetrieb frisch zu sein. Phillips war alleine, als er eine Meldung der nach Osten fahrenden Mesaba empfing:

„An Titanic und andere ostwärts fahrende Schiffe:

Eis auf der Höhe 42 N Breite bis 41.25 N, Länge 49 W bis 50.30 W. Viel Packeis und große Anzahl von Eisbergen gesichtet. Auch Eisfeld. Wetter gut, klar."

Die Station von Cape Race auf Neufundland (MCE) war nun erreichbar, und Phillips hatte alle Hände voll zu tun, die am Tag aufgelaufenen Meldungen zu senden. Die Eismeldung steckte er auf einen Nagel, weil er seinen Platz nicht verlassen konnte. Später, so sagte er sich, wenn Bride ihn entlasten würde, könnte er die Meldung auf die Brücke bringen. Später. Dieser Funkspruch, der Eis direkt auf dem Kurs der Titanic meldete, gelangte nie auf die Brücke.

22. Uhr . . . Vier Glasen. Der erste Offizier Murdoch löst den zweiten Offizier Lightoller auf der Brücke ab. Reginald Lee und Frederick Fleet klettern über die eiserne Leiter in den Ausguck, wo sie Archie Jewell und George Symons ablösen. Symons erinnert die Ablösung daran, besonders nach Eisbergen und -schollen Ausschau zu halten.

Mit 21 Knoten jagt die hell erleuchtete Titanic durch die mondlose Nacht. Die See unter den strahlenden Sternen ist ruhig und glatt. Die Außentemperatur allerdings hat sich in den vergangenen Stunden weiter verringert und ist nun bei null Grad angekommen.

Im Laufe des Tages hatte die Titanic eine Kaltfront gekreuzt, deren wolkenverhangener Himmel samt einem scharfen Nordwind sich in der Nacht zu Sonntag nach Westen gedreht hatte. Dies hatte die stark gesunkenen Temperaturen verursacht. Jetzt, da die Kaltfront hinter dem Schiff lag, erreichte die Titanic den Einflußbereich eines arktischen Hochs. Die Wolken waren verschwunden. Der Nordwind legte sich.

Die Geschwindigkeit der Titanic war unverändert hoch.

Im Funkraum war Phillips noch immer fleißig damit beschäftigt, Meldungen zu senden und zu empfangen. Einige Minuten vor 23 Uhr wurde seine Konzentration plötzlich durch ein starkes Signal von einem in der Nähe liegenden Schiff unterbrochen. Der Spruch kam vom Frachter Californian, um die 20 Meilen von der Titanic entfernt. „Wir haben gestoppt, sind von Eis umgeben." Wegen der Unterbrechung verärgert, herrschte Phillips seinen Kollegen an: „Halt den Mund. Ich arbeite mit Cape Race."

Der Funker auf der Californian, Cyril Furmastone, war nach einem langen und einsamen Tag in seiner Kabine müde und hörte nach der Zurechtweisung durch seinen Kollegen noch einige Minuten dem Funkverkehr der Titanic zu, um dann gegen 23.30 Uhr sein Gerät abzuschalten, die Kopfhörer auszuziehen und sich in seine Koje zu begeben. Er drehte seinen mechanischen Apparat auch nicht mehr auf. Es war ein langer Tag gewesen, das Aufziehen konnte bis morgen warten . . .

23.30 Uhr . . . Sieben Glasen. Das Schicksal wartete weniger als fünf Meilen entfernt auf die Titanic. . .

Fred Fleet und Reginald Lee versuchten, sich in der Kälte ihres Ausgucks warm zu halten, was auf dem engen Raum knapp 17 Meter oberhalb des Vorderdecks gar nicht so einfach war. Die Luft war eiskalt, und bis zur Ablösung um Mitternacht mußten sie noch mehr als 20 Minuten hier oben ausharren. Sie versuchten, mit ihren Augen die Dunkelheit zu zerschneiden, um Dinge am Horizont erkennen zu können. Sie wünschten, man hätte ihnen eine Sehhilfe zur Verfügung gestellt. Tatsächlich waren die

Links: *Die Californian der Leyland Line.* (Harper's)

Rechts: *Zeichnung des Eisbergs, der die Titanic aufschlitzte, entstanden nach Angaben von Joseph Scarrott, Seemann auf der* Titanic. (Daily Graphic)

Ferngläser, die beim Verlassen des Hafens von Belfast in den Ausgucken lagen, verschwunden, als das Schiff in Queenstown die Fahrt zum letzten Mal unterbrochen hatte. Wer dies veranlaßt hatte, ließ sich später nicht mehr ermitteln.

Plötzlich, ohne ein Wort mit Lee zu wechseln, lehnte sich Fleet aus dem Ausguck. Seine Hand ging zur Messingglocke, die einige Fuß über den beiden Männern hing. Während er noch nach vorne sah, läutete die Glocke dreimal. Das Geläute zerschnitt die arktische Stille. Während er weiter die Glocke erklingen ließ, griff er zum Telefonhörer. Nach einer kurzen Pause - Fleet muß sie ewig lange vorgekommen sein - antwortete der sechste Offizier James P. Moody auf der Brücke. Fleets Mitteilung war kurz, Moodys Antwort ebenfalls.

„Eisberg voraus."

„Danke sehr."

Fleet und Lee hielten sich am Geländer des Ausgucks fest, Sie erkannten die unregelmäßige Form des Eisbergs, der wie ein dunkler Schatten gegen die tiefschwarze Nacht wirkte und sich auf die stählerne Haut der Titanic zubewegte.

Auf der Brücke handelte der erste Offizier Murdoch sofort, nachdem Moody Meldung gemacht hatte. Er verließ sich dabei auf die Instinkte eines über 20 Jahre auf den Weltmeeren trainierten Seemannes. Er befahl „hart Steuerbord" und „Stop, volle Kraft zurück". Gleichzeitig drückte er den Knopf, mit dem die 15 wasserdichten Türen der Schotts im Maschinen- und Kesselraum geschlossen wurden.

Der Steuermann Robert Hitchens hatte seine Arbeit prompt erledigt. Bis zur Kollision hatte die Titanic ihren Kurs bereits um zwei Punkte (22 Grad) nach Backbord geändert. Spätere Versuche mit der Olympic, dem Schwesterschiff der Titanic, ergaben, daß eine derartige Kursänderung bei einer Geschwindigkeit von 21,5 Knoten 37 Sekunden benötigte. In dieser Zeit legte das Schiff eine Entfernung von gut 400 Metern zurück.

Die Titanic entfernte sich von dem Berg, und Fleet und Lee hatten in ihrem Ausguck sogar den Eindruck, als ob eine Kollision vermieden worden war. Die Masse des Bergs war auf einer Höhe mit dem Bug und schob sich an der Seite des Schiffs vorbei. Der Gipfel lag mehr als acht Meter oberhalb des Ausgucks.

Tatsächlich schlitzte der Berg die Stahlhülle unterhalb der Wasserlinie auf ungefähr 100 Meter auf. Bei einer Geschwindigkeit von 21 Knoten dauerte die verhängnisvolle Begegnung mit dem Eisberg ganze zehn Sekunden. Auf der Brücke befahl Murdoch eine Änderung nach Backbord, um den Kontakt mit dem Heck zu verhindern. Als das Heck den Berg passiert hatte, sahen die beiden Männer im Ausguck zum ersten Mal einen weißen Schimmer in der Spitze des Bergs, der wie ein leuchtender Dunst wirkte. Der Berg geriet leicht ins Wanken, um dann in die Nacht zu verschwinden.

Viele Passagiere und Besatzungsmitglieder waren von der Kollision nur gering beeindruckt. Einige, die es vorgezogen hatten, zu schlafen, waren noch nicht einmal aufgewacht. Auf Seemann W. Brice, der vor der Messe Wache schob, wirkte der Zusammenstoß wie eine schwere Vibration und nicht wie ein abrupter Stoß oder ähnliches. Es war ein polterndes Geräusch gewesen, das ungefähr zehn Sekunden lang

Oben links: *Archibald Gracie bemerkte sofort, das das Schiff in Schwierigkeiten war, als die Maschinen stillstanden und Dampf abließen.* (The Truth About The Titanic)

Oben rechts: *Der Lehrer Lawrence Beesely fühlte den Zusammenstoß in seiner Kabine D56 in der zweiten Klasse. „Es war nicht stärker als die normalen Bewegungen der Matratze, auf der ich saß."* (Illustrated London News)

gedauert hatte. Andere Mannschaftsmitglieder dachten, das Schiff hätte eine Schraube verloren, oder daß die Maschine plötzlich auf volle Kraft zurück gestellt worden war. Andere wiederum erinnerte das Geräusch an einen plötzlich heruntergelassenen Anker.

Die Beschreibungen der Passagiere waren schon deutlicher. Lady Lucile Duff-Gordon, die sich gerade auf ihre Bettruhe in Kabine A20 vorbereitete, beschrieb den Krach „als sei jemand mit seinem Fingernagel an der Außenhaut vorbeigegangen". Mrs. J. Stuart White aus Kabine C32 fühlte keinen besonderen Stoß, dafür „wirkte es aber, als führe das Schiff über Tausende Kieselsteine".

Lawrence Beesley aus der zweiten Klasse (Kabine D56) erinnerte sich später, daß „eigentlich überhaupt kein Stoß zu spüren war, der stärker als das übliche Arbeiten der Maschinen war. Auch die Matratzen bewegten sich nicht mehr als sonst. Es gab kein besonderes Geräusch, keinen Aufprall, nichts, was auf eine Kollision deuten konnte."

Ausguck Reginald Lee beschrieb die eigentliche Kollision: „Sie neigte sich leicht nach

Backbord, als sie steuerbords getroffen wurde. Es gab das Geräusch von berstendem Metall entlang der Steuerbordseite."

In der Tiefe des Schiffs, auf der Steuerbordseite des sechsten Kesselraums, hörte der Chefheizer Frederick Barrett das Knirschen des Zusammenstoßes und danach ein Geräusch wie ein Donner. Vor dem verblüfften Mann öffnete sich ein kleiner Schlitz, durch den Wasser ungefähr 60 Zentimeter über dem Boden des Heizraums ins Schiff drang. Barrett gelang noch gerade die Flucht über die Notleiter. Begleitet von Sirenen schlossen sich die von Murdoch oben auf der Brücke aktivierten wasserdichten Türen.

In der Zwischenzeit war auch der von der Kollision alarmierte Kapitän auf die Brücke gekommen. „Womit sind wir zusammengestoßen?", wollte Kapitän Smith wissen.

„Einem Eisberg, Sir. Ich befahl scharf Steuerbord und volle Kraft zurück, doch sie war zu nahe. Ich konnte nichts mehr machen."

„Haben Sie die wasserdichten Türen geschlossen?", fragte Smith.

„Sie sind geschlossen, Sir."

Smith und Murdoch gingen auf die Steuerbordseite der Brücke und suchten in der Dunkelheit nach dem Berg.

Nach ihrer Rückkehr befahl der Kapitän dem vierten Offizier Boxhall, der gerade auf der Brücke eingetroffen war, den vorderen Teil des Schiffes zu untersuchen, und zwar so schnell wie möglich.

Die anderen von Boxhall alarmierten Offiziere rasten auf die Brücke. Nach 15 Minuten war Boxhall wieder zurück, um zu berichten, daß er oberhalb des F-Decks keine Schäden festgestellt habe, daß ein Postbeamter aber von einem Wassereinbruch im G-Deck berichtet habe. Die Post sei daraufhin verlagert worden.

Der Eisberg hatte die Titanic ungefähr fünf Meter unterhalb der Wasserlinie aufgeschlitzt, wobei das eigentliche Leck nur etwas größer als ein Quadratmeter war. Allerdings erstreckte sich die undichte Stelle über die ersten drei Schotts und den vorderen Kesselraum (Schott sechs), was einer Gesamtlänge von ungefähr 100 Metern entsprach.

Fünf Schotts waren geflutet. Die Titanic hätte mit zwei abgedichteten Schotts weiterfahren können. Auch mit den vier vorderen gefluteten Schotts hätte es keine Probleme gegeben - doch mit fünf gefluteten Schotts war sie zum Untergang verurteilt.

Nur das erste Schott erstreckte sich bis ins oberste Deck (C-Deck). Die Schotts zwei und elf bis 15 reichten nur bis ins zweithöchste Deck (D-Deck), während die Schotts drei bis neun nur bis zum dritthöchsten Deck (E-Deck) reichten. Die ersten vier Schotts hätten das Wasser dort gehalten, so daß es nicht über das Niveau des D-Decks hätte steigen können. Doch das fünfte geflutete Schott (Kesselraum sechs), das nur bis zum E-Deck reichte, verursachte ein Überlaufen in das sechste Schott, was den Bug weiter nach unten drückte - bis zum bitteren Ende.

Von dem Moment an, da vor dem verblüfften Barrett das erste Wasser ins Schiff eindrang, war die Titanic zum Untergang verurteilt.

Es hatte freilich schon Zeitgenossen gegeben, die das schon bei der Kiellegung so

Eisberg voraus _____ *19*

geahnt hatten. Die Auftragsnummer 390904 hatten einige Arbeiter der Werft in Spiegelschrift als „No Pope" (kein Papst) gelesen.

Als hätte das noch nicht für einige abergläubische Menschen gereicht, ließ das Horoskop für den 31. Mai 1911 (der Tag des Stapellaufs) auch nichts Gutes vermuten. Für die um 12.15 Uhr Geborenen ergab sich bei den Koordinaten von Belfast (54° 36'N Breite und 5°56'W Länge) unter anderem die Gefahr auf oder in der Nähe von Wasser, die Möglichkeit von Unfällen und Verlusten bei Reisen.

Ganz frei vom Aberglauben gab es indes einige Dinge, die für den Untergang der Titanic verantwortlich waren. Fehler bei der Konstruktion und Ausstattung hätten sich korrigieren lassen, wie fehlerhafte Navigation oder das Vernachlässigen von Warnungen waren menschliches Versagen. Kollisionen oder Beinahe-Kollisionen und das Wetter waren unbeeinflußbar. Doch alle diese Dinge ereigneten sich nach einem scheinbar geheimen Drehbuch und verbanden sich zu einem unabänderlichen Fahrplan Richtung Untergang.

Wären die Titanic-Schotts um ein Deck höher gewesen, hätte es kein Überlaufen gegeben - der Bug wäre nicht immer weiter nach unten gedrückt worden. Wenn die Vorschriften über die Anzahl von Rettungsbooten aus dem Jahr 1894 (als es wenige Dampfer mit mehr als 10 000 Tonnen gab) rechtzeitig den modernen Schiffen angepaßt worden wären, hätte es nicht so viele Opfer unter den Passagieren und der Besatzung gegeben.

Einer der Chefentwickler der Titanic hatte allerdings einen Plan für zusätzliche Rettungsboote vorgelegt. Eine Kopie dieser Pläne lag auch bei den Anhörungen in New York vor. Danach waren noch 32 weitere Boote mit 900 Plätzen vorgesehen.

Am 18. September war das Datum für die Jungfernfahrt festgelegt worden. Am 20. März sollte das Schiff zum ersten Mal mit Passagieren in See stechen. Was wäre passiert, wenn die Olympic nicht am 20. September mit dem Kreuzer Hawke vor Southampton kollidiert wäre? Nach diesem Unfall mußte die Olympic nach Belfast zurückkehren, blockierte nun das riesige Trockendeck und belegte auch die Arbeiter der Werft mit Beschlag, die eigentlich für die Fertigstellung der Titanic benötigt wurden. Diese Verzögerung machte eine Verschiebung der Jungfernfahrt auf den 10. April nötig. Wäre die Titanic an ihrem Schicksal vorbeigefahren, wenn es den dreiwöchigen Zwangsaufenthalt in Belfast nicht gegeben hätte?

Und dann der Tag der Abreise: Was wäre passiert, wenn die Titanic tatsächlich mit der New York kollidiert wäre? Ein Zusammenstoß, ganz gleichgültig wie stark, hätte die Abreise auf jeden Fall verzögert. Um wieviel? Tage? Stunden?

Und was wurde aus der Zeit, die das Schiff durch die Beinahe-Kollision in Southampton verloren hatte? Diese Stunde wurde nie aufgeholt.

Während der gesamten Reise wurde die Titanic immer wieder vor Eis auf ihrem Kurs gewarnt. Der ganze Tag des 14. April stand im Zeichen von Warnungen. Mindestens sechs Meldungen, in denen von Eisbergen und Eisfeldern die Rede war, waren im Funkraum eingegangen.

Eine Meldung (von der Athinai über die Baltic) war erst fünf Stunden nach ihrem Eintreffen auf der Brücke befestigt worden. Eine andere Warnung um 19.30 Uhr von der Californian an die Antillian wurde dem Kapitän nicht gezeigt, weil man sein Abendessen nicht stören wollte. Eine weitere Warnung (von der Mesaba) wurde gar nicht auf die Brücke gebracht, weil der Funker alleine war und seine Anlage nicht verlassen wollte. Der Empfang der vielleicht wichtigsten Meldung von der Californian wurde von dem ungeduldigen Funker der Titanic unterbrochen.

Die Luft war klar, die See ruhig. Es gab keine Wellen und keine Brise. Beides hätte dem Berg einen weißen „Kragen" an seiner Basis gegeben und ihn damit in der mondlosen Nacht wesentlich früher sichtbar gemacht. Selbst ein Viertelmond hätte den Eisberg früher aufleuchten lassen.

Wahrscheinlich hatte er sich ein oder zwei Stunden zuvor im Wasser gedreht, was seine dunklere Seite nach oben gebracht hatte und ihn fast unsichtbar machte. Ein oder zwei Stunden früher hätte man den Berg vielleicht etwas früher erkennen können . . .

Der Aufprall... Wäre er anders verlaufen, wenn der Ausguck den Berg früher gesichtet hätte? Vielleicht hätte das Schiff der Eismasse ausweichen können. Später? Weniger Schotts wären beschädigt worden, wenn das Schiff den Berg mit dem Bug getroffen hätte. Vielleicht hätte es das 750 Meilen im Westen entfernte Halifax erreichen können.

Das Leben der Titanic läßt sich in Stunden messen - ihre Jungfernfahrt in Minuten. Einige kleine Veränderungen - ein paar Minuten mehr oder weniger - hätten die Position des Schiffs verändert. Vielleicht entscheidend verändert.

Doch in dem Moment, da die Lebensuhr der Titanic zu ticken begann, gab es keine Änderungsmöglichkeit mehr. Die Titanic kannte nur ein Ziel: ihren Untergang.

Nachdem er von seiner Inspektion zurückgekehrt war, wurde Boxhall von Smith beauftragt, die Position der Titanic zu ermitteln. Er benutzte dazu den Kurs des Schiffs (seit 17.50 Uhr Süd 86 West), seine Beobachtung anhand der Sterne um 19.30 Uhr und die von ihm geschätzte Geschwindigkeit des Schiffs von 22 Knoten. Gestützt auf diese Daten kam Boxhall zu einer Position.

Wenn er bei seinen Berechnungen nicht die ein Knoten schnelle südliche Strömung mit einbezog, bedeutete das alleine schon einen Irrtum um vier Meilen in der Breite. Zwischen 20 Uhr und Mitternacht waren zudem die Uhren um 23 Minuten zurückgestellt worden. Dachte er an diesen Zeitunterschied? Und die Geschwindigkeit der Titanic war nicht 22 Knoten, sondern 21,5. Diese Daten, zusammen mit einer sehr groben Schätzung, ergaben eine Position, die um vier Meilen südlich und sechs Meilen ostwärts der tatsächlichen Position liegen konnte.

Boxhall notierte das Ergebnis seiner Berechnungen und gab den Zettel Kapitän Smith. Der begab sich in aller Eile in den Funkraum, reichte die Berechnung an Funker Phillips und befahl Hilferufe.

CQD . . . CQD . . . Mit diesem Funkspruch wurden die Stationen der Umgebung benachrichtigt. Viele interpretierten den Spruch als Come Quick Danger. Es war ein Hilferuf, ein Ruf, bei dem um das Leben von 2200 Menschen ging. Um 0.15 Uhr knatterte der Spruch über die Funkwellen. Dem CQD . . . CQD . . . folgte die Position der Titanic.

Das Signal wurde fast gleichzeitig von La Provence, Mount Temple und der Landstation in Cape Race aufgefangen. Funkstörungen und andere Meldungen sorgten dafür, daß Mount Temple die Position als 41°46', 50°24' W hörte, während Cape Race 41°44' N, 50°24' W auffing. Um 0.18 Uhr trugen die Männer auf der Ypiranga eben diese Position in das Funkbuch ein. Um 0.15 Uhr wurde die Titanic-Position auf die von Boxhall ermittelten Daten verändert.

„Sofort kommen. Wir sind mit einem Eisberg kollidiert. CQD, OM (old man) Position 41°46' N, 50°14' W."

Das Schiff, das diese Meldung empfing, war die Carpathia.

Thomas Cottam war der Funker der Carpathia. Der 21jährige saß seit sieben Uhr in seinem Funkraum und wollte an diesem 14. April nur noch ins Bett. Er war müde. Allerdings wartete er noch auf die Bestätigung einer Meldung, die er an die Parisian, ein Linienschiff der Allan-Linie, geschickt hatte. Ansonsten hätte er sich schon längst hingelegt.

Noch immer keine Meldung. Halb ausgezogen spielte Cottam mit seinem Gerät und hörte bei den anderen Frequenzen die Sprüche der anderen Schiffe. Er hoffte, vielleicht ein paar Funksprüche der Titanic abzufangen. Ungefähr eine Stunde früher hatte er der Station in Cape Cod zugehört, von wo aus Meldungen an die Titanic gesendet wurden.

Nachdem er die Frequenz der Titanic gefunden hatte, fragte er seinen Kollegen: „Hör mal, alter Mann, weißt Du, daß es da jede Menge von MCC (Cape Cod) gibt?"

Ohne auf das Ende von Cottams Funkspruch zu warten, unterbrach Phillips mit seinem Notspruch. Cottam wollte seinen Ohren nicht glauben. „Soll ich meinen Kapitän wecken? Brauchen Sie Hilfe?"

MGY (Titanic): „Ja, kommen Sie schnell."

Cottam riß sich seine Kopfhörer herunter und rannte auf die Brücke, wo er dem wachhabenden ersten Offizier H. V. Dean von der Notlage der Titanic berichtete. Der wartete nicht erst auf eine Wiederholung. Die beiden Männer rasten in die Kabine des Kapitäns.

Kapitän Arthur Rostron hatte sich gerade ins Bett gelegt, als Dean und Cottam ohne anzuklopfen in die Kabine gestürmt kamen. Verständlicherweise war der Kapitän verstört vom Benehmen seiner Männer. Nachdem er die Meldung gehört hatte und sie sich von Cottam bestätigen ließ, zog er sich wieder an, kehrte auf die Brücke zurück, wo er sich über die Seekarten beugte.

Rostron stellte bald fest, daß die in Richtung Mittelmeer fahrende Carpathia ungefähr 59 Meilen von der Titanic entfernt war. Der direkte Kurs war Nord 52 Grad West. Die Carpathia drehte bei und dampfte in Richtung Titanic. Die Mannschaft begann sofort, den Druck in den zehn Jahre alten Kesseln des Schiffs aufzubauen. Auch die wachfreien Männer wurden in den Heizraum gerufen. Bei dieser Fahrt erreichte die Carpathia mit mehr als 17 Knoten wesentlich mehr als die in den Papieren registrierten 14,5 Knoten.

Während die Carpathia der Titanic zur Hilfe eilte, versammelte Rostron seine Offiziere um sich und erließ eine ganze Reihe von Befehlen, um das Schiff auf die Ankunft der Überlebenden vorzubereiten. Rostrons Verhalten in dieser Nacht entsprach den Empfehlungen aus dem Marinelehrbuch. Kabinen und Aufenthaltsräume wurden vorbereitet. Heißer Kaffe stand ebenso bereit wie Essen. Netze und Lichter wurden an der Außenhaut des Schiffs befestigt und die Gangways vorbereitet. Gerätschaften, um Kinder an Bord zu hieven, standen bereit und Öl wurde bereitgestellt, um die See, falls notwendig, zu zähmen.

Auf der Titanic hatte die Entwicklung zu diesem Zeitpunkt aber schon eine unvorhersehbare Wendung genommen.

Vor dem Halt nach der Kollision bewegte sich die Titanic unter dem Befehl von Kapitän Smith bei halber Kraft noch kurze Zeit weiter nach vorne. Der Bericht eines Besatzungsmitglieds vom Vorderdeck läßt vermuten, daß die Titanic nach Steuerbord gedreht wurde, um das Heck vor einem Aufprall zu schützen. Danach standen die Maschinen still. Die Titanic beschrieb einen Halbkreis und trieb dann in der einen Knoten starken südlichen Strömung.

In den zwanzig Minuten nach dem Zusammenstoß bekam der Kapitän die Schadensberichte, die er mit dem Konstrukteur des Schiffs, Thomas Andrews, beriet. Am Ende der Beratungen stand fest, daß das modernste, größte und angeblich sicherste Schiff auf den vier Weltmeeren nur noch etwas mehr als zwei Stunden vom Untergang entfernt war.

Um Mitternacht begann der 15. April. Das Schiff lag still, die Mannschaft erledigte die Aufgaben mit der ihr eigenen Routine. Die Wache für den Maschinenraum wartete auf ihren Einsatz, und im Ausguck wurden Lee und Fleet von Hogg und Evans abgelöst. Es ist ziemlich unwahrscheinlich, daß der Befehl „paßt auf Eis auf" weitergereicht wurde. Die Stewards deckten die Tische für das Frühstück.

Aber an Deck - untermalt von dem lautstarken Dampfablassen - war der erste Befehl des neuen Tages ziemlich ungewöhnlich: „Mannschaft mustern. Bereit sein zum Aufdecken der Boote."

Die Deckmannschaft hatte noch nie die Rettungsboote des Schiffs zu Wasser gelassen. Bei einem Test in Southampton wurden nur zwei Boote mit den dazugehörenden Männern heruntergelassen. Nun mußten also diese unerfahrenen Männer, von denen einige vermutlich noch nicht mit den Welin-Davits vertraut waren, auf dem Bootsdeck die Rettungsboote vorbereiten.

Chef-Offizier Wilde betraute den zweiten Offizier Lightoller mit der Überwachung der Vorbereitungsarbeiten. Lightoller rannte zu Boot vier und begann selbst damit, das Segeltuch herunterzureißen. Zwei, drei Männer kamen hinzu und wurden von

Eisberg voraus _____ *23*

Lightoller sofort eingeteilt. Danach dirigierte Lightoller weitere Männer auf der Steuerbord- und Backbordseite. Er mußte sich mit Handsignalen verständigen, weil der Lärm des abgelassenen Dampfes eine normale Unterhaltung unmöglich machte.

Nachdem er die Arbeiten auf dem Bootsdeck inspiziert hatte, fragte Lightoller Wight, ob die Boote herausgeschwungen werden sollten. Lightoller berichtete später, das Wilde erst „Nein" dann „Warte" sagte. Wenig später befahl Kapitän Smith, die Boote herauszuschwingen.

Die Geschichte des Rettungsbootes Nummer vier auf der Backbordseite ist ganz besonders dramatisch. Von ihren Kabinenstewards alarmiert und geführt von den Offizieren des Schiffes, stand eine kleine Gruppe von einflußreichen Passagieren gegen 0.30 Uhr auf der Backbordseite des A-Decks hinter dem Glasschutz der Promenade unterhalb der Davits von Boot Nummer vier.

Die Thayers, Wideners, Ryersons, Astors . . . Ehemänner, Ehefrauen, Familien, mit Angestellten und Dienern. Männer und Frauen, gewohnt, Befehle zu geben und nicht, sie zu befolgen. Nun warteten sie geduldig, fast demütig darauf, daß ein Rettungsboot abgesenkt wurde. Die Schwimmwesten und die leichte Bekleidung schützte kaum gegen die kalte Luft. Während die Zeit verging, schickten einige Damen ihre Mädchen in die Kabinen, um warme Bekleidung zu holen. Pelzmäntel für die Frauen, dicke Pullover für die Herren.

Nachdem Nummer vier herausgeschwungen worden war, befahl Lightoller das Absenken auf das A-Deck. Die Passagiere sollten durch das große Fenster einsteigen. Aber von der Deckmannschaft konnte niemand das Fenster öffnen, so daß nach einer halben Stunde, gegen ein Uhr morgens, der zweite Steward George Dodd die wartenden Passagiere auf die steile Treppe nach oben bat, um von dort aus das Boot besteigen zu können. Die Treppe war eigentlich ausschließlich der Mannschaft vorbehalten.

Nachdem andere Rettungsboote vom Bootsdeck aus beladen wurden, dachte die Mannschaft, daß nun auch Boot vier so beladen werden sollte. Die Passagiere warteten weiter, nun wenigstens unterhalten vom Orchester des Schiffs, das auf der Steuerbordseite spielte. Zur gleichen Zeit explodierten die ersten Notraketen im klaren arktischen Himmel. Ringsum bestiegen andere Passagiere ihre Rettungsboote, die zu Wasser gelassen wurden. Nur sie warteten noch immer unter den Davits, die Nummer vier noch immer festhielten.

Lightoller, der in der Zwischenzeit herausgefunden hatte, daß Boote problemlos vom Bootsdeck aufs Wasser gelassen werden konnten, entdeckte nun die Passagiere, die noch immer geduldig auf Nummer vier warteten. Aufs neue wurden die Thayers, Wideners, Astors, Ryersons nebst Dienerschaft auf das A-Deck dirigiert. Nun standen die Fenster offen, dafür gab es ein ganz anderes Problem. Die Schieflage der Titanic hatte eine Lücke zwischen Schiff und Rettungsboot geschaffen, so daß es mittels Bootshaken an die Bordwand geholt werden mußte.

Eine Leiter wurde improvisiert und die Frauen konnten sich nun durch das Fenster in das Boot hangeln. Dem 13jährigen Jack Ryerson wurde zunächst die Begleitung sei-

Rettungsboot Nummer 4 wurde kurz vor 1 Uhr auf das Promenadendeck heruntergelassen. Doch dann verging mehr als eine Stunde, bis die Fenster geöffnet werden konnten. John Astor half seiner im fünften Monat schwangeren Frau in das zu zwei Drittel gefüllte Boot. Nachdem er zurückgewiesen wurde, steckte er sich eine Zigarette an und winkte ihr zu, als das Boot zu Wasser gelassen wurde. (New York American)

ner Mutter verboten, doch der Appell seines Vaters überzeugte schließlich das für die Beladung des Boots zuständige Besatzungsmitglied.

Die Legende will wissen, daß Jacob Astor dem Jungen ein Kopftuch angezogen hatte und meinte: „Jetzt bist Du ein Mädchen und kannst fahren." Diese Geschichte wurde aber von Mrs. Ryerson in ihrer Aussage nicht wiederholt. Eine andere Legende will wissen, daß Astor bei der Kollision in der Bar ausrief: „Ich verlangte Eis, aber das hier ist lächerlich!" Diese Begebenheit ist unwahrscheinlich, weil Astor nicht gerade für seinen Sinn für Humor berühmt war.

Astor half seiner im fünften Monat schwangeren Frau an Bord des Rettungsbootes, fragte, ob er sie begleiten durfte, wurde vom verantwortlichen Offizier abgewiesen und half daraufhin anderen Frauen ins Boot. Die Männer versicherten ihren verängstigten Frauen, daß man sich bald wiedersehen würde, daß Schiffe bald zur Hilfe kommen würden und daß es keinen Anlaß zur Angst gab. Astor stand freundlich lächelnd an Bord und winkte seiner jungen Frau, als das Boot ablegte. Als letzte Heldentat begab er sich in den Hundezwinger auf dem F-Deck neben der dritten Klasse. Ob er da die Wassermassen hörte, die in den Schott neben ihm rauschten? Auf jeden Fall befreite er seinen Airedale-Setter Kitty und auch die anderen Hunde. Madeleine Astor berichtete später, daß sie beim Versuch, ihren Mann an Bord auszumachen, Kitty sah, wie sie auf dem Deck herumtobte, als sich der Bug der Titanic immer mehr nach unten neigte.

Einschließlich der Besatzungsmitglieder waren 32 Personen an Bord des Rettungsbootes Nummer vier. Das Beladen hatte so lange gedauert, daß es nur noch knapp acht Meter tief aufs Wasser gelassen werden mußte. „Normal" wären rund 20 Meter gewesen. Als das Schiff aufs Wasser aufsetzte, stellte man fest, daß nur ein Seemann an Bord war, die anderen Besatzungsmitglieder waren Feuerwehrleute und Verkäufer. Also rutschte Steuermann Walter Perkis an einem Seil auf das Boot und übernahm das Kommando.

Eisberg voraus _____ 25

Es war nun zwei Uhr geworden. Der Bug der Titanic neigte sich von Minute zu Minute immer mehr nach vorne. Boot vier war als letztes aufs Wasser gekommen. Nach dem Untergang der Titanic wurden noch acht Besatzungsmitglieder gerettet, von denen zwei später starben. Gegen 7.30 Uhr erreichte das Boot die Carpathia.

Während Rettungsboot vier ins Wasser kam, spielten sich auch bei den anderen Booten dramatische Szenen ab. Auf der Backbordseite durften nur Frauen und Kinder in die Boote, auf der Steuerbordseite hingegen durften Männer ebenfalls die Boote besteigen, wenn keine Frauen in der Nähe waren. Zwischen 0.25, Uhr, als das erste Boot (Nummer sieben) zu Wasser gelassen wurde, und 2.20 Uhr, als die Faltboote A und B das sinkende Schiff verließen, hatten es 698 Menschen geschafft, sich in Sicherheit zu bringen. Nach dem Untergang wurden noch 14 Personen, die meisten von der Besatzung, aber auch ein weiblicher Passagier, Rosa Abbott, aus dem Wasser gezogen. Nur sieben von ihnen überlebten.

Die Titanic hatte eine Kapazität für 2435 Passagiere und 860 Besatzungsmitglieder, was insgesamt 3295 Menschen ergibt. Auf ihrer Jungfernfahrt waren nur 2228 Menschen an Bord. Die antiquierten britischen Vorschriften, die sich auf die Bruttoregistertonnen bezogen, sahen jedoch nur Platz für 980 Personen in den Rettungsbooten vor. Die Titanic bot in ihren Rettungsbooten dank der vier Faltboote 1176 Menschen Platz und übertraf die Vorschriften damit um mehr als zehn Prozent.

Die Titanic war mit 14 Rettungsbooten ausgerüstet, in denen jeweils 65 Passagiere Platz fanden. Daneben gab es noch zwei Notkutter mit Platz für insgesamt 70 Personen. In den vier Faltbooten gab es Platz für jeweils 49 Menschen.

Doch nur vier Boote waren bis zu ihrer Kapazitätsgrenze besetzt. Von den anderen sechzehn hatten nur drei Boote mehr als 50 Menschen an Bord. Ohne die Faltboote A und B waren die Rettungsboote mit durchschnittlich 44 Menschen besetzt. Aber auch wenn alle Rettungsboote bis zum letzten Platz besetzt gewesen wären, hätten 1052 Menschen die Katastrophe nicht überleben können.

Die ersten Boote waren fast nur zur Hälfte mit Passagieren gefüllt und die waren auch nur sehr zurückhaltend an Bord gegangen, weil man sich schämte, kein Vertrauen in die Technik des Schiffs zu zeigen. Doch je mehr Zeit verging, desto deutlicher wurde die Gefahr, in der alle an Bord schwebten. Mehr und mehr Menschen kamen auf das Bootsdeck - Panik begann sich auszubreiten.

Auf Befehl von Kapitän Smith feuerte der vierte Offizier Boxhall die erste Notrakete um 0.45 Uhr ab, als das erste Rettungsboot (Nummer sieben) ins Wasser gelassen wurde. Alleine auf dem Heck herumwandernd, sah Steuermann George Rowe das Boot auf dem Wasser. Er wußte nichts von der Evakuierung der Passagiere und rannte auf die Brücke. Dort bekam er die Order, weitere Raketen einzusammeln und sich wieder zu melden. Bis 1.25 Uhr half er Boxhall beim Abfeuern der Raketen. Es mag sein, daß sich Rowe bei den Zeitangaben getäuscht hat. Boxhall sagte später aus, er habe bis zur letzten Minute, als er dem Boot zwei zugeteilt wurde, die Raketen in den Himmel geschickt. Das war gegen 1.45 Uhr.

Ida Strauss, weigerte sich, ihren Mann Isidor Strauss, der erst in ein Rettungsboot steigen wollte, nachdem alle Frauen gerettet waren, alleine an Bord zu lassen und ging gemeinsam mit ihm in den nassen Tod. (Autoren-Archiv)

Kurz vor ein Uhr versuchte Bruce Ismay dem fünften Offizier Lowe beim Herablassen von Boot Nummer fünf zu assistieren. „Laß es herunter, laß es herunter!", brüllte er und winkte mit seinen Armen. Lowe verbat sich die Einmischung in seine Aufgaben und schickte Ismay weg. „Ich laß es herunter. Sollen sie alle ertrinken?" Ismay drehte sich herum und ging zu Boot drei.

Zur gleichen Zeit wurde das Backbordboot sechs aufs Wasser gelassen. Mrs. James Joseph Brown (besser als „Molly" bekannt) drehte sich gerade vom Boot weg, um an Bord zu sehen, als sie von zwei Bekannten, Edward Calderhead und James McGough, gepackt und in das gut einen Meter tiefer hängende Boot gestoßen wurde. Nur zwei Seemänner, Fleet und Hitchens, waren an Bord. Als sie auf dem Wasser angelangt waren, verlangte Molly lautstark nach einem weiteren Seemann. Major Arthur Godfrey Peuchen, ein Segler, bot sich an und durfte die Mannschaft vervollständigen. Über ein 20 Meter langes Seil ließ er sich auf das Boot herab.

Als das Boot im Wasser war, weigerte sich Hitchens zu rudern. Peuchen und Fleet waren aber zu schwach, so daß sich die resolute Molly Brown ihrer Schwimmweste entledigte, ein Ruder schnappte und damit die anderen Frauen überzeugte, ihrem Beispiel zu folgen. Später kam noch ein weiterer Mann an Bord, ein Heizer aus Boot 16, den Mrs. Brown in ihren warmen Pelzmantel einpackte und ihm so wahrscheinlich das Leben rettete. Während der gesamten schlimmen Zeit verhinderte ihre Fröhlichkeit und Robustheit eine Panik an Bord.

Obwohl der erste Offizier Männern erlaubte, in das Boot Nummer drei auf der Steuerbordseite einzusteigen, gab es Männer, die nachdem sie den Damen in das Rettungsboot geholfen hatten, davon Abstand nahmen, lieber an anderer Stelle halfen, um dann mit dem Schiff unterzugehen. Die Herren Case, Hays, Davidson und Roebling verhielten sich auf solch noble Art.

Als auf der Backbordseite Boot acht beladen wurde, näherten sich Isidor und Ida Strauss zusammen mit ihrem Mädchen Ellen Bird dem Boot. Miss Bird stieg ein, doch

Eisberg voraus _____ 27

Mr. Strauss weigerte sich, ihr zu folgen, bis nicht alle Frauen und Kinder in Sicherheit seien. Daraufhin verzichtete auch Mrs. Strauss auf die Fahrt im Rettungsboot und blieb bei ihrem Mann. Sie wurden zuletzt gesehen, als sie sich wieder ins Schiff begaben, um dort ihr Schicksal zu teilen.

Zu der Zeit, da das Ehepaar Strauss sich so selbstlos zeigte, wurde steuerbords der Notkutter zu Wasser gelassen. Der erste Offizier Murdoch befahl einige Feuerwehrleute an Bord, als die Passagiere der ersten Klasse Sir Cosmo und Lady Lucille Duff-Gordon nebst Sekretärin Laura Francatelli auftauchten und fragten, ob sie das Boot benutzen konnten. Murdoch sah weder Kinder noch Frauen in der Umgebung und half daher der Gruppe an Bord. Dazu kamen noch zwei Amerikaner. Noch immer gab es keine anderen Passagiere, die man retten konnte, und so wurde das Boot mit einer Kapazität von 35 Menschen mit fünf Passagieren und sieben Besatzungsmitgliedern aufs Wasser gelassen.

Später, als die Titanic untergegangen war und die Rufe der Verzweifelten in der Luft hingen, weigerten sich die Glücklichen, den anderen zur Hilfe zu kommen, aus Angst, man könnte dabei kentern und selbst untergehen. Lady Duff-Gordons Anregung, die Hilferufe zu ignorieren, widersprach niemand an Bord. Die zwölfköpfige Besatzung erreichte die Carpathia ohne besondere Vorkommnisse. Später entschädigte Sir Cosmo jedes Besatzungsmitglied für verlorengegangene Habseligkeiten mit einem Fünf-Pfund-Scheck.

Jetzt, da die Situation allen bewußt wurde, verließ Boot Nummer zehn die Titanic mit 55 Menschen. Boot Nummer neun hatte 56 Passagiere an Bord, als es um 1.20 Uhr ablegte. Als das Boot zwölf zu Wasser gelassen wurde, verabschiedete sich der bekannte Schriftsteller Jacques Futrelle von seiner Frau. Am 9. April hatten sie seinen 37. Geburtstag in einem noblen Londoner Restaurant gefeiert . . .

Die Boote elf und 13 wurden fast zur gleichen Zeit aufs A-Deck abgesenkt und beladen. Die Stewards bildeten eine Kette, um Frauen und Kinder zügig in die Boote bekommen zu können. Für eine Frau begann hier eine Qual, die erst vom Kapitän der Carpathia beendet werden sollte. Als sie auf das Rettungsboot wartete, wurde der Passagierin aus der dritten Klasse Leah Asks ihr zehn Monate altes Kind plötzlich aus den Armen gerissen. Als sie nach ihrem Sohn Frank greifen wollte, wurde sie von den Stewards zur Seite gestoßen, weil man dachte, sie wollte sich vordrängeln.

Frank Phillip Asks - Spitzname Filly - wurde in das nächste Boot geworfen. Wie ein Fußball wurde er von Elisabeth Nye aufgefangen, die das Baby in ihrem Schoß hielt und es später gegen die beißende Kälte mit einer Decke schützte.

Frank Asks beschrieb später diese Nacht: „Meine Mutter stand unter Schock, nachdem sie ihr Baby verloren hatte. Sie wurde in das Rettungsboot Nummer 13 gestoßen und saß dort neben Mrs. Selena Rogers Cook, einer warmherzigen, mitfühlenden Frau, die meine Mutter tröstete und während der ganzen Nacht auf sie aufpaßte, bis wir die Carpathia erreichten.

Meine Mutter und Mrs. Rogers saßen auf dem Deck der Carpathia, als eine Frau mit einem Baby auf dem Arm an ihnen vorbeiging. Das Baby war ich! Als ich meine Mutter sah, streckte ich meine Ärmchen zu ihr aus. Doch Elizabeth Nye erklärte mich zu ihrem Baby. Mrs. Rogers ging mit meiner Mutter zu Kapitän Rostron und erzählte ihm die Geschichte.

Er nahm die beiden Frauen und mich in seine Kabine und dort wurde ich anhand eines kleinen Muttermals unter meiner Brust als der Sohn meiner Mutter identifiziert und ihr zurückgegeben."

Um 1.25 Uhr wurden die beiden Boote elf (mit 70 Personen) und 13 (mit 64 Personen) beinahe zur gleichen Zeit zu Wasser gelassen. Unter den Überlebenden in Boot elf waren der achtjährige Marshall Drew und seine Tante Lulu. Er erinnerte sich noch 1986, kurz vor seinem Tod, an seine Evakuierung.

> „Um 23.40 Uhr, als die Titanic mit dem Eisberg kollidierte, war ich im Bett. Dennoch war ich aus irgendwelchen Gründen wach und merkte den Zusammenstoß sowie das Stoppen des Schiffs.
> Ein Steward klopfte an unsere Kabine, bat uns angekleidet, mit angelegten Schwimmwesten aufs Bootsdeck zu kommen, was wir auch taten. Neben unse-

Unten links: *Als Boot Nummer 13 (mit 54 Frauen und zehn Männern) zu Wasser gelassen wurde, wäre es beinahe von dem benachbarten Boot 15 unter die Wasserlinie gedrückt worden. Im letzten Moment gelang es, die Leinen zu kappen.* (Daily Graphic)

Unten rechts: *Gegen 1.30 Uhr erschienen Benjamin Guggenheim und sein Diener Giglio im Abendanzug an Deck, nachdem sie sich ihrer Schwimmwesten und Pullover entledigt hatten. „Wir haben unsere besten Sachen angezogen, um wie Herren unterzugehen." Eine weitere Legende war entstanden.* (New York Times)

rer Kabine gab es eine wasserdichte Tür. Als wir unsere Kabine verließen, war sie verschlossen.

Ich erinnere mich noch, daß der Steward versuchte, schlafende Passagiere zu wecken.

Die Aufzüge waren nicht in Betrieb, also gingen wir zu Fuß an Deck. Alles war ruhig und ordentlich. Ein Offizier befahl, zuerst Frauen und Kinder zu retten. Boot elf wurde gefüllt. Es gab viele tränenreiche Abschiede. Wir verabschiedeten uns auch von Onkel Jim.

Während wir im Boot warteten, hörte ich das Orchester irgendwo in der ersten Klasse spielen.

Das Rettungsboot Nummer elf hing in der Nähe des Hecks. Ich werde nie die völlig im Dunklen liegende Promenade vergessen. Es machte auf mich einen unvergeßlichen Eindruck.

Ich weiß inzwischen aus Büchern, daß unser Rettungsboot das einzige komplett gefüllte Boot war. Das Absenken war einigermaßen gefährlich. Die Taue, die Davits, funktionierten nicht so wie sie sollten, so daß das Boot immer rauf und runter schwankte. Das war der einzige Moment, wo ich wirklich Angst hatte.

Die Rettungsboote entfernten sich von der Titanic, um von ihr nicht in die Tiefe gezogen zu werden. Ich ärgere mich immer wieder über die Darstellungen des Untergangs. Ich habe kein Bild gesehen, das auch nur annähernd der Wirklichkeit entsprach. Die See war vollkommen ruhig. Es mag den einen oder anderen Stern gegeben haben, aber ansonsten war die Nacht so tiefdunkel, das man als einziges den Horizont wahrnehmen konnte."

Ein „Mr. Hoffman" reiste mit seinen zwei Söhnen in der zweiten Klasse. Der Mann hieß eigentlich Michel Navratil und hatte seine beiden Söhne entführt, um so eine scheiternde Ehe zu retten. Kurz vor zwei Uhr übergab er seine Kinder dem zweiten Offizier Lightoller, der das letzte Faltboot mit anderen Besatzungsmitgliedern gegen den Ansturm verzweifelter Passagiere schützte. (Harper's)

Titanic: Legende und Wahrheit

Als Boot Nummer 13 sich dem Aufsetzen näherte, wäre es beinahe von einem Schwall Wasser, das die Pumpen des Schiffs aus dem Innenraum förderten, überschwemmt worden.

Das Boot war weiter in Gefahr, weil es, als es auf dem Wasser war, zum Heck hin abtrieb. Die Taue konnten nicht gekappt werden und daher wäre es beinahe von Boot 15 mit 70 Passagieren zumeist aus der dritten Klasse unter Wasser gedrückt worden. Die Taue von Boot 13 konnten gerade noch rechtzeitig gekappt werden.

Boot 14 wurde auf der Backbordseite gegen 1.30 Uhr zu Wasser gelassen. Der fünfte Offizier Lowe half 50 Frauen ins Boot. Mit gezogener Pistole hielt er die Männer, die das Boot stürmen wollten, in Schach. Als das Boot herabgelassen wurde, ging Lowe selbst ins Boot, um die Navigation in die Hand zu nehmen. Nachdem die See erreicht war, verband Lowe sein Boot mit den Booten zehn und zwölf und den Faltbooten D und vier zu einem kleinen Konvoi. Er tauschte auch Passagiere und Mannschaften zwischen den Booten aus, um so zu einer gleichmäßigen Auslastung zu kommen und hißte später ein Segel. So erreichte der kleine Verband dann auch die Carpathia.

In den vorderen Davits, von wo aus Boot Nummer eins ins Wasser gebracht wurde, hing nun das Faltboot C, das unter Leitung des ersten Offiziers Murdoch beladen wurde. Das Boot war zu zwei Dritteln gefüllt, als es eine Gruppe von Männern stürmen wollte. Der Purser Herbert McEllroy, der Murdoch half, schoß zweimal in die Luft, was den Mob zum Stillhalten brachte.

Nachdem man keine Frauen mehr ausmachen konnte, wurde das Boot zu Wasser gelassen. Als es unter Deck war, bestieg Bruce Ismay, der dort alleine stand, in aller Ruhe das Boot. Diese Tat, die man unter den Umständen vielleicht nicht einmal als feige bezeichnen kann, hat ihm später viele Vorwürfe eingebracht.

Während sich der Bug immer mehr nach unten neigte, gab es aber auch andere Männer, die ohne Rücksicht auf ihr eigenes Leben heldenhaft ihre Pflicht taten.

Der Chefsteward Andrew Latimer gab seine Schwimmweste einer Dame und half, nachdem er alle Hoffnung auf eine Rettung verloren hatte, beim Beladen und Absenken der Boote.

Die 34 technischen Offiziere, Ingenieure, Elektriker, Klempner, die Männer aus den Kesselräumen, sorgten bis zum letzten Moment für elektrischen Strom. Von ihnen, die tief im Schiff in brütender Hitze und umgeben vom Lärm der Maschinen arbeiteten, hat keiner den Untergang überlebt.

In einer passenden Ehrung für diese selbstlosen Männer schrieb Lord Beresford: „Hätte es nicht diese pflichtbewußten Männer gegeben, wären noch mehr Menschen ums Leben gekommen." Seine Majestät König Georg V. verfügte nach der Katastrophe, daß die britischen Marineingenieure ihre Abzeichen auf einem königlichen purpurnen Untergrund tragen sollten als Erinnerung an ihre tapferen Kollegen auf der Titanic.

In dieser Aufzählung dürfen auch die pflichtbewußten Postbeamten nicht fehlen, die weder Angestellte der White Star Line waren, noch zum Personal der Titanic gehörten. Zwei britische und drei amerikanische Postler waren vorne im G-Deck untergebracht,

Eisberg voraus _____ *31*

das als erstes überflutet wurde. Innerhalb von fünf Minuten stand das Wasser kniehoch, worauf die Beamten die 200 Postsäcke in den noch trockenen Sortierraum brachten. Ihre Anstrengungen waren allerdings vergeblich. Der letzte Sack war noch nicht dorthin gewuchtet worden, da stand auch hier das Wasser. Also trugen die Männer die bis zu 100 Pfund schweren Säcke, unterstützt von einigen Stewards weiter nach oben auf das D-Deck. Doch alle Versuche blieben letztendlich ohne Erfolg.

Die Zeitung „Daily Eagle" aus Brooklyn (New York) schrieb über die Männer:

> „Der Postbeamte William Logan Gwynn aus Brooklyn und seine Kollegen Oscar S. Woody aus Washington, DC, John Starr March aus Newark, NJ, John Richard Jago Smith und James Bertram Williamson aus England arbeiteten noch an·der Post, als die letzte Explosion das Schiff in Dunkelheit versenkte. Nicht ein einziges Mal vernachlässigten sie ihre Pflicht. Keinen Moment lang versuchten sie sich in einem der Rettungsboote in Sicherheit zu bringen. Sie blieben bei dem, was ihnen von ihren Regierungen anvertraut worden war."

Nach Schätzungen befanden sich 3364 Postsäcke und 700 bis 800 Pakete an Bord.

Die Musiker . . . Viel ist von der Tapferkeit dieser Männer geschrieben worden. Daher ist es fast überflüssig, die Details ihrer letzten Nacht nachzuerzählen. Zahlreiche Denkmäler (mehr als für alle anderen beteiligten Männer) halten ihre Erinnerung wach. So lange Musik gespielt wird, wird man ihren Heldenmut nicht vergessen: Brailey, Bricoux, Clarke, Hume, Krins, Taylor, Woodward und ihr Chef Wallace Hartley.

Kur nach Mitternacht versammelte sich das Orchester am vorderen Eingang zur ersten Klasse, wo sich die Passagiere einfanden, um in die Boote zu gehen. Die Musik der Band verbreitete auf Anhieb eine positive Atmosphäre. Die Passagiere bewegten sich im Takt der Musik. Mißtrauen oder Panik waren erst mal kein Thema mehr. „Wenn die hier spielen, kann es ja nicht so schlimm sein", wird sich mancher gedacht haben.

Später, als sich die Passagiere auf das Promenaden- oder Bootsdeck begeben hatten, stand die Band vor der Turnhalle in der Nähe des Eingangs zur ersten Klasse auf der Steuerbordseite. Gegen 0.45 Uhr, als das erste Boot (Nummer sieben) zu Wasser gelassen wurde, war die Musik ein Gegenpol zu den aufgeregten Passagieren. Die Musik half, Ordnung in den Ablauf zu bringen.

Die Musiker spielten die nächsten 80 Minuten lang ihr Repertoire mit von der Kälte steifen Fingern. Auch als sich das Deck mehr und mehr nach vorne neigte, gab es keinen Versuch, das Schiff zu verlassen. Selbst die beiden Pianisten Taylor und Brailey, die nicht mehr spielen konnten, blieben an Bord.

Als gegen 2.10 Uhr das Ende nahe war und Hartley seine Männer aufforderte, sich nachdem sie ihre Pflicht getan hatten, in Sicherheit zu bringen, blieb die Kapelle zusammen und spielte nach Halt suchend einen letzten Choral.

Im Laufe der Jahre hat es viele Spekulationen über das letzte Lied auf der Titanic gegeben. Die Erinnerungen reichen von „Londonderry Air" bis zu den beiden Melodien für den Choral „Nearer My God To Thee" oder dem sentimentalen Walzer „Songe d'Automne" und dem auf das Jahr 1551 zurückgehenden Lied „Automne".

Viele Jahre lang sprach viel für die Melodie „Automne", die der Funker Harold Bride gehört haben will, als er im kalten Meer um sein Leben kämpfte. Die Verfechter dieser Version verweisen darauf, daß Bride ein trainierter Techniker war, der seine Umgebung aufmerksam musterte und sich entsprechend erinnern konnte. Er erzählte seine Geschichte einem Reporter in New York, und diese Musik, darin war man sich einig, paßte zu dem ernsten Hintergrund.

Allerdings gibt es Zweifel, denn es gibt niemanden sonst, der dieses Lied gehört haben will. Außerdem eignet sich „Automne" auch kaum, weil es sehr schwer auswendig zu spielen ist und auch nicht in der Liederliste der White Star Linie enthalten war.

Der Text ist allerdings nobel: „God of mercy and Compassion, look with pity on my pain . . ." und: „Hold me up in mighty waters, keep mine eyes on things above . . ." Er paßt zwar in die Zeit, aber weder die Worte, noch die Melodie eignen sich dazu, in einer derart dramatischen Situation gespielt oder gesungen zu werden. Gäbe es nur einen weiteren Zeugen, könnte man Bride glauben - doch es gibt keinen.

Ein wesentlich besserer Kandidat für die „letzte Musik" ist „Nearer My God to Thee", obwohl es in diesem Fall Zweifel daran gibt, welche Melodie genau gespielt worden ist. War es „Bethany" oder „Horbury"? (Die Melodie „Bethany" wird in dem 1953 gedrehten amerikanischen Film „Titanic" gespielt, während „Horbury" in dem 1958 gedrehten britischen Streifen „A Night to Remember" gewählt wurde.)

In „The New Music Review" schrieb Dr. G. Edward Stubbs 1912, daß Hartley vermutlich „Proprior Deo" gespielt hat. Das wurde auf jeden Fall bei seinem Begräbnis gespielt.

Der Komponist Gavin Bryars meinte 1995, daß Bride einfach falsch zitiert worden ist. Nicht „Automne" sei gespielt worden, sondern „Aughton", worin die Verszeile „When at last life's journey done, When at last the victory's won . . ." vorkommt.

Doch gleichgültig, um welche Melodie es sich handelte, „Nearer My God to Thee" ist die wahrscheinlichste Antwort. Hartley hatte einmal auf der Mauretania erzählt, daß er auf einem sinkenden Schiff entweder „O God Our Help in Ages Past" oder „Nearer My God to Thee" spielen lassen würde. Der Choral war auch bei König Edward VII. sehr beliebt und wurde am Grab von verblichenen Mitgliedern der Musikergewerkschaft gespielt.

Es läßt sich auch wesentlich leichter spielen als das komplizierte „Automne".

Es waren die amerikanischen Passagiere, die sich an Melodie und Titel erinnern. Ihre kollektive Erinnerung ist auf beiden Seiten des Atlantiks unbestritten - mit Ausnahme von Bride.

Nachdem es keine Zeugen gibt - die Musiker waren ja alle mit der Titanic untergegangen -, kann man also nicht mit Sicherheit sagen, welche Melodie gespielt worden ist. Das bleibt bis heute eines jener Rätsel des Schiffs.

Die beiden Funker John G. Phillips (links) und Harold S. Bride sendeten die Notrufe bis kurz vor dem Untergang. (Marconi Marine)

Unbestritten ist jedoch, daß die Band bis zum allerletzten Moment zusammenblieb. Gleichgültig, welches Lied sie zuletzt gespielt haben - die Erinnerung an diese Musiker wird niemals sterben.

2.10 Uhr. Das Wasser hatte seine Arbeit vollbracht. Ein Schott nach dem anderen war überflutet worden - der Bug des Schiffes lag immer tiefer. In den letzten Sekunden sollte sein Heck noch einen katastrophalen Bogen in die Dunkelheit beschreiben.

Nachdem der Strom ausblieb, kam das letzte Funksignal zu einem plötzlichen Stopp: _ . . . _ . . . _. Danach herrschte Funkstille.

Marshall Drew erinnerte sich an das Ende der Titanic:

> „Eine Reihe der Bullaugen nach der anderen verschwand im Meer. Als sich die Titanic aufbäumte, um zu sinken, gingen alle Lichter aus, und die Maschinen wurden nach vorne in den Bug gerissen. Es hörte sich wie eine Explosion an.
>
> Als dies passierte, wurden hunderte von Passagieren ins Wasser geschleudert. Die Schreie dieser Menschen werde ich wohl nie vergessen. Das Wasser hatte ein Grad minus."

2.15 Uhr. Das Heck der Titanic stieg immer höher. Im Schiff flog alles nach vorne in den Bug.

2.18 Uhr. Die Lampen flackerten ein-, zweimal und erloschen schließlich. Die Titanic ragte nun in die Dunkelheit. Von den drei Schrauben floß das Wasser.

Der Bogen war nun fast vollendet. Die Titanic stand einige Sekunden - zehn, zwanzig oder dreißig - fast senkrecht über dem Wasser.

2.20 Uhr. Der Bug, nun völlig überflutet, rauschte mit einem gurgelnden Geräusch in die Tiefe. Als sie die Wasseroberfläche erreichten, brachen die vier Schornsteine einer nach dem anderen ab und trieben in verschiedene Richtungen davon.

Die Stahlhülle war noch nicht ganz unter Wasser, als sie auseinanderbrach. Der vordere Teil der Titanic verschwand in die Tiefe, während das gut 1000 Tonnen wiegende Heck noch einige Sekunden auf dem Wasser blieb. Eine riesige Preßluftblase entlud sich auf der Wasseroberfläche.

In einer Bewegung, die an eine Pirouette erinnerte, folgte das Heck schließlich dem Bug auf den Meeresboden.

Auf der Wasseroberfläche erinnerte nur noch ein wenig weißer Schaum an die Titanic.

Nach und nach kamen Trümmer aus dem Wrack an die Oberfläche.

20 Rettungsboote, eines gekentert, ein anderes überflutet, schwammen auf dem Ozean. Ungefähr eine Meile entfernt dümpelte ein Eisberg, dessen Form an den Felsen von Gibraltar erinnerte - mit verschmierter roter und schwarzer Farbe an seiner Basis.

Nach einiger Zeit herrschte absolute Ruhe. Marshall Drew erinnerte sich an seine Rettung:

> „Der geneigte Leser muß verstehen, daß ich damals die typisch britische Erziehung genossen habe. Und da war es nicht erlaubt zu weinen. Man war schließlich ein kleiner Mann. So, als sachliches britisches Kind, legte ich mich in meinem Boot nieder und schlief.
>
> Als ich aufwachte, war es Tag, und wir näherten uns der Carpathia. Wir waren von riesigen Eisbergen umgeben."

Niemand hat den Untergang der Titanic so genau beschrieben wie die Überlebenden, wobei die Erinnerungen der Kinder ganz besonders lebhaft sind.

Zu den Kindern an Bord gehörte auch Ruth Becker. Später als Mrs. Ruth Blanchard beschrieb sie ihre Erlebnisse im Rettungsboot. Wir veröffentlichen ihren Text mit ihrer freundlichen Genehmigung:

> „Als unser Rettungsboot 13 von der Titanic ablegte, konnten wir sehen, wie das Wasser ins Schiff eindrang. Wir ruderten weg und sahen dabei die Titanic. Es war ein schöner Anblick gegen die Sterne, mit allen Bullaugen erleuchtet. Es war unmöglich, daran zu denken, daß irgend etwas nicht stimmen könnte. Hätte es nicht den ins Wasser abgesenkten Bug gegeben. Schließlich, als die Titanic immer schneller sank, gingen die Lichter eins nach dem anderen aus. Zur gleichen Zeit rasten die Maschinen nach vorne und machten einen Krach, den man noch Meilen entfernt hören konnte. Es war das seltsamste Geräusch, das man sich hier, mitten auf dem Ozean, vorstellen konnte.

Eisberg voraus _____ *35*

Zu unserem Erstaunen schien die Titanic in zwei Teile zu zerbrechen. Als der Bug schon verschwunden war, blieb das Heck noch einige Minuten stehen, als wolle es sagen „Good Bye - tut mir leid".

Dann verschwand auch das Heck im Meer und wir sahen zum letzten Mal das riesige Schiff, das wir am Mittwoch in Southampton betreten hatten.

Was für eine Tragödie. Mehr als 2000 Menschen an Bord, Zeit genug runterzukommen, und dennoch gingen mehr als 1500 Menschen mit dem Schiff unter, weil es nur 20 Rettungsboote gab.

Das Rettungsboot 13, in dem ich saß, hatte 65 Menschen an Bord, war also bis zum letzten Platz gefüllt. Die Männer und Frauen waren dort in allen nur denkbaren Bekleidungszuständen. Es war bitterkalt. Und dann gab es noch die schlimmsten Geräusche, die man sich vorstellen kann. Die Schreie der Verzweifelten, die im eiskalten Wasser ums Überleben kämpften. Sie schrien nach Hilfe, und wir wußten, daß man ihnen nicht helfen konnte. Wir wollten einige aufnehmen, doch das hätte unser Boot in Gefahr gebracht.

Erst an diesem Punkt bemerkte ich, daß ich noch immer die Decken in Händen hielt, die ich aus der Kabine mitgebracht hatte. In der Eile hatte ich vergessen, sie an meine Mutter, meinen zweijährigen Bruder und meine vierjährige Schwester weiterzugeben. Sie saßen in einem anderen Boot. Die Männer, die unser Boot ruderten, waren Heizer, die in der Tiefe des Schiffs gearbeitet hatten. Als der Eisberg die Außenhaut aufschlitzte, wurden sie alle durchnäßt. Sie entkamen mit ihren ärmellosen Hemden und Shorts. Man kann sich also vorstellen, wie sehr sie unter der beißenden Kälte litten. Der verantwortliche Offizier bat mich also um die Decken, um sie den Männern umzuhängen. Natürlich gab ich sie weiter. Ein Finger eines Mannes war verletzt, und ich war froh, mit einem Taschentuch meines Vaters aushelfen zu können, das ich zufällig bei mir hatte. Es wurde in Streifen geschnitten und diente als Verband.

Neben mir stand eine deutsche Frau. Sie weinte und ich fragte sie warum. Sie erzählte mir durch einen Übersetzer, daß ihr sechs Wochen altes Baby von ihr gerissen und in ein anderes Boot gelegt worden war. Das Baby war so vollkommen in Decken eingewickelt, daß die Frau nun Angst hatte, daß man das Bündel für Gepäck halten und über Bord werfen würde.

Alle Rettungsboote sollten eigentlich mit Rudern, einem Kompaß und Nahrungsmitteln (Kekse) ausgerüstet sein. Unseres hatte nur Ruder. Den anderen Booten schien es nicht besser zu gehen. Sie waren alle über das Wasser verteilt. Wir hatten jedoch Glück. Der Kapitän unseres Bootes meinte, er sei seit 26 Jahren Seemann und habe noch nie eine so ruhige Nacht auf dem Atlantik erlebt.

Wir hielten natürlich alle Ausschau nach einem Rettungsschiff. Schließlich gegen vier Uhr morgens sahen wir ein Licht, das immer näher kam. Raketen wurden in den Himmel geschickt und das Nebelhorn dröhnte.

Man kann sich leicht unsere Freunde vorstellen, weil wir wußten, daß dies unser Rettungsschiff war. Wir waren glücklich, weil die See langsam ruppig wurde. Das war das erste Mal, daß ich mir ein paar Sorgen machte. Unser kleines Boot tanzte herum wie ein Korken. Die Carpathia, unser Rettungsschiff, stoppte. Wir ruderten zu ihr und waren gerettet."

Zwei

Lichter in der Nacht

Nachdem sich der vierte Offizier Boxhall vom Ausmaß des Schadens am vorderen Teil der Titanic überzeugt hatte, berichtete er Kapitän Smith auf der Brücke von seinen Beobachtungen. Gegen Mitternacht weckte er die Offiziere Lightoller und Pitman, die noch in ihren Kabinen waren.

Als nächstes sorgte Boxhall dafür, daß die Segeltuchhüllen von den Rettungsbooten genommen wurden. Als er wieder auf der Brücke auftauchte, mußte er auf Befehl von Kapitän Smith die Position der Titanic errechnen. Er notierte seine Berechnungen und brachte die Notiz in den Marconiraum. Allerdings bestand der Funker Harold Bride in seiner amerikanischen Vernehmung darauf, daß Kapitän Smith den Zettel persönlich überbracht habe.

Als er auf die Brücke zurückkehrte, so berichtete Boxhall später bei seinen Vernehmungen, bemerkte er zum ersten Mal das Licht eines Schiffs in der Nähe der Titanic. Mit seinem Fernglas konnte er die Positionsleuchten auf beiden Masten ausmachen.

Gegen 0.45 Uhr schoß Boxhall seine ersten Notraketen ab, was er danach im Abstand von fünf Minuten tat, wobei ihm der Steuermann George Rowe half. Das Schiff näherte sich. Bald konnte er mit bloßen Augen die roten und grünen Positionslichter ausmachen.

Die Lichter wurden auch von anderen Besatzungsmitgliedern bemerkt. Sie erschienen zuerst einen Punkt neben dem Bug der Titanic. Zu Beginn konnte nur das rote Positionslicht ausgemacht werden. Kapitän Smith befahl Boxhall und Rowe, zu versuchen, über den Morsescheinwerfer Kontakt mit dem Schiff aufzunehmen, was sie in den Pausen zwischen zwei Raketen auch taten. Rowe schätzte später die Entfernung zu dem Schiff auf vier bis sechs, Boxhall auf fünf bis sechs Meilen. Das Schiff reagierte aber weder auf die Raketen noch auf die Scheinwerfersignale und drehte nach Beobachtungen von Boxhall ab. Als er die Brücke gegen 1.40 Uhr verließ, um das Rettungsboot Nummer zwei zu besteigen, das um 1.45 Uhr ablegte, sah er zwei Punkte vom Bug der Titanic entfernt nur noch die Heckleuchte. Trotz aller Versuche der Kontaktaufnahme fuhr das Schiff einfach weiter.

Bei den Beobachtungen muß man berücksichtigen, daß die Titanic stationär im Wasser lag. Boxhall und Rowe beschrieben also zweifelsfrei ein Schiff, das sich in einer Entfernung von rund fünf Meilen näherte, abdrehte und dann weiterfuhr.

Gegen 0.45 Uhr beobachtete der zweite Offizier Lightoller, der gerade das Beladen von Boot Nummer sechs beaufsichtigte, ebenfalls ein Licht ungefähr zwei Punkte neben

(1) (2)

Mehr als 19 Meilen von der Titanic entfernt lag seit 19.30 Uhr die Californian in einem Eisfeld. Kapitän Lord (1) döste im Kartenraum, Funker Cyril Evans (2) hatte seine Anlage abgestellt. Der Seemann Ernest Gill (3) dachte, ein in der Nähe liegendes Schiff würde Raketen in die Luft schicken, und der dritte Offizier Charles V. Groves (4) versuchte vergeblich, einen kleinen Dampfer in der Nähe anzumorsen. (Washington Evening Star, New York American, Boston Journal, Daily Sketch)

(3) (4)

Lichter in der Nacht _____ *39*

dem Bug der Titanic. Das Licht bewegte sich nicht. Lightoller beruhigte seine verängstigten Passagiere, indem er ihnen erklärte, daß eben dieses Schiff sie aufnehmen würde. Lightoller beobachtete das Licht immer wieder - es schien sich nicht zu bewegen.

Der Massengutfrachter der Leyland Line, Californian, hatte Liverpool am 5. April in Richtung Boston, Massachusetts, verlassen und nun am Mittag des 14. April die Position 42°05' N, 47°25' W erreicht. Wegen Eiswarnungen vom 9. und 13. April hatte der Frachter seinen Kurs geändert. Gegen 18.30 Uhr wurden drei große Eisberge gesichtet, worauf Kapitän Stanley Lord seinen Funker Cyril Evans anwies, den Leyland-Frachter Antillan zu warnen.

Um 19.30 Uhr berechnete George F. Stewart, der technische Offizier der Californian, anhand des Polarsterns die Position des Frachters und berichtete sie seinem Kapitän: Breite 42°5,5' N. Wegen der Eisgefahr verdoppelte Lord um 20 Uhr die Männer im Ausguck und übernahm die Brücke. Neben ihm tat noch der dritte Offizier Charles Groves Dienst. Gegen 22.15 Uhr erhellte sich der westliche Horizont, was Lord mit dem Aufscheinen von Eis erklärte. Um 22.21 Uhr befahl er den Halt seines Schiffs und stellte das Steuerrad auf hart backbord. Die Californian drehte bei und kam zu einem Halt.

Der Frachter lag umgeben von Eisschollen ungefähr eine halbe Meile von einem Eisfeld entfernt. Als Position trug Lord 42°05' N, 50°07' W ins Logbuch ein.

Als er gegen 22.30 Uhr die Brücke verließ, um sich in seine Kabine zurückzuziehen, fiel ihm ein Licht im Osten auf. Lord dachte, es handele sich um ein sich näherndes Schiff. Der dritte Offizier Groves hielt es für einen Stern. Als er um 22.55 Uhr auf die Brücke zurückkehrte, traf Lord seinen Funker und fragte ihn, ob er von anderen Schiffen in der Nähe wüßte. „Nur die Titanic", antwortete Evans.

„Das ist nicht die Titanic. Sie hat eher unsere Größe", antwortete Lord und zeigte auf das sich langsam nähernde Schiff. „Sie sollten aber auf jeden Fall Kontakt mit der Titanic aufnehmen und sie wissen lassen, daß wir im Eis gestoppt haben." Funker Evans ging sofort in seinen Raum, um die Meldung abzusetzen.

Gegen 23.30 Uhr konnte eine grüne Positionslampe auf der Steuerbordseite ausgemacht werden. Lord, immer noch auf der Brücke, schätzte die Entfernung auf fünf Meilen. Auch seine Versuche, mit dem Morsescheinwerfer Kontakt zu dem anderen Schiff aufzunehmen, blieben unbeantwortet.

Beim Wachwechsel um Mitternacht bat er den ablösenden Wachoffizier Herbert Stone (zweiter Offizier), ihn zu holen, wenn sich das andere Schiff nähern sollte. Lord zog sich zur Ruhe auf eine Liege in den Kartenraum zurück.

Für Stone schien das Schiff einen südsüdöstlichen Kurs steuerbords an der Californian vorbei zu fahren. Er bemerkte ein Positionslicht am Mast, das rote Seitenlicht und zwei Lichtquellen, die offenbar aus einer geöffneten Luke oder Tür kamen. Er schätzte die Entfernung zu dem kleinen Frachter auf ungefähr fünf Meilen.

Wie Groves vor ihm versuchte Stone vergeblich von 0.10 Uhr an, mit dem Morsescheinwerfer Kontakt mit dem anderen Schiff aufzunehmen.

Gegen Mitternacht kam der Feuerwehrmann Ernest Gill nach Ende seiner 20 bis 24

Uhr Wache an Deck. Seine Augen mußten sich nach dem hell erleuchteten Maschinen-
raum erst an die Dunkelheit gewöhnen. Als er sich über die Steuerbordreling am
Oberdeck der Californian lehnte, sah er „einen sehr großen Dampfer ungefähr zehn
Meilen entfernt. Ich beobachtete ihn eine Minute lang. Er fuhr Höchstgeschwindigkeit."
Gill ging in seine Kabine, konnte aber nicht schlafen und stand gegen 0.30 Uhr wieder
an Deck. Er war dort ungefähr zehn Minuten, als er eine weiße Rakete „ungefähr zehn
Meilen entfernt auf der Steuerbordseite sah. Ich dachte an eine Sternschnuppe. Sieben
oder acht Minuten später sah ich eine zweite Rakete aus der gleichen Richtung. Ich sah
es jedoch nicht als meine Aufgabe, die Brücke davon zu informieren und ging wieder
in meine Koje."

Bei der amerikanischen Untersuchung erklärte Gill, daß er zwar Sterne aus den
Raketen kommen sah, aber keine Lichtmorsesignale bemerkt hatte. Er hatte auch keine
Geräusche wie Dampfablassen oder die Explosionen von Notraketen bemerkt, obwohl
die Bedingungen in dieser Nacht nicht besser hätten sein können.

Auf der Brücke hatte auch der zweite Offizier gegen 0.45 Uhr (Californian-Zeit) einen
Blitz im Himmel bemerkt. Er hielt ihn für eine Sternschnuppe, von denen er schon so
viele an diesem Abend beobachtet hatte. Aber kurz darauf sah er ein weiteres Licht,
direkt über dem mysteriösen Dampfer, wobei die Lichtquelle aber weit dahinter liegen
mußte. Bis 1.15 Uhr beobachtete er drei weitere Lichterscheinungen, alle weiß.

Um 1.15 Uhr berichtete Stone seinem Kapitän von den Raketen. Lord antwortete aus
seiner Kabine und fragte, ob die Raketen Reedereizeichen wären. „Ich weiß nicht", antwortete Stone, „sie sind alle weiß". Lord befahl Stone, das Schiff in der Nachbarschaft
weiter über den Scheinwerfer anzumorsen, „und wenn Sie eine Antwort bekommen,
lassen sie es mich sofort wissen." Stone tat wie befohlen, aber ohne Ergebnis. Lord
begab sich wieder auf seine Liege im Kartenraum.

Die Californian trieb Richtung Süden und hatte gegen 1.50 Uhr einen Kurs Südwest-
West. Das andere Schiff hatte gegen zwei Uhr den Kurs SW 1/2 eingenommen und war
weitergefahren. Bald war die rote Positionsleuchte nicht mehr zu sehen. Nur die
Heckleuchte blieb sichtbar.

Wie befohlen, schickte Stone den Gehilfen Gibson zum Kapitän, um Bericht zu
erstatten. Gibson kam zurück und gab an, er habe dem Kapitän nicht nur von dem
Schiff, sondern auch von acht Raketen berichtet. Nach Gibsons Aussagen bestätigte der
Kapitän den Bericht und fragte dann nach den Raketen. „Sind Sie sicher, daß sie keine
Farben haben?" Er fragte Gibson dann nach der Zeit, der, nachdem er diese Information
hinterlassen hatte, schließlich wieder auf die Brücke zurückkehrte. Lord war Gibsons
Besuch allerdings nicht bewußt. In einer beeideten Aussage meinte er später: „Ich kann
mich daran erinnern, daß Gibson zwischen 1.30 und 4.30 Uhr die Tür zum Kartenraum
öffnete und sofort wieder schloß. Ich fragte, was er wolle, aber er antwortete nicht."

Kapitän Lord war nicht alleine mit seiner Schläfrigkeit an Bord der Californian.
Funker Cyril Evans, von seinem Kollegen Jack Phillips auf der Titanic zurechtgewiesen,
hatte seinen Kopfhörer abgenommen, seinen Apparat abgestellt und war in seine Koje

Lichter in der Nacht _____ *41*

gegangen. Seine mechanische Anlage war nicht aufgezogen, so daß er die Notsignale, die bald eintreffen sollten, nicht annehmen konnte.

Die Carpathia war auf Kurs Nord 52 West unterwegs. Gegen 2.30 Uhr waren alle Vorbereitungen für die Aufnahme der Schiffbrüchigen abgeschlossen.

Die sieben Kessel standen unter Volldampf und trieben den Dampfer durch die arktische See. Die normale Geschwindigkeit der Carpathia lag bei 14,5 Knoten. Nie mehr erreichte das Schiff die 17,5 Knoten, mit denen es nun zur Titanic unterwegs war. Das Schiff schüttelte sich, die Stahlplatten vibrierten unter der Geschwindigkeit.

Auf dem Weg zur letzten (vor mehr als einer Stunde) gemeldeten Position der Titanic mußte die Carpathia einigen Eisbergen ausweichen. Doch dank einer meisterhaften Navigation führte Rostron sein 540 Fuß langes Schiff, ohne das Tempo zu verringern, durch das Eis. Gegen drei Uhr befahl er, viertelstündlich Raketen abzuschießen, um den Überlebenden die baldige Ankunft seines Schiffes zu signalisieren. Um 3.35 Uhr hatte die Carpathia den Platz erreicht, wo die Titanic eigentlich hätte sein müssen. Doch da war nur der Ozean und einige Eisschollen.

Um vier Uhr wurden die Maschinen gestoppt. Knapp 300 Meter entfernt wurde eine grüne Positionsleuchte ausgemacht. Die Carpathia trieb in die Richtung, das Rettungsboot Nummer zwei machte fest, Taue kamen von oben, und um 4.10 Uhr begannen die ersten geretteten Frauen, an Bord der Carpathia zu klettern. Nur 25 Überlebende befanden sich in dem für 40 Menschen konstruierten Boot. Der vierte Offizier Boxhall, der abkommandiert worden war, um die weibliche Besatzung des Bootes sicher zu navigieren, stieg zerschlagen an Bord der Carpathia. Rostron bat ihn auf die Brücke, wo er, von Zitteranfällen und Emotionen überwältigt, berichtete, daß die Titanic um 2.20 Uhr gesunken war.

Ein Boot nach dem anderen machte an der Carpathia fest. Viele Frauen wurden in geschlungenen Tauen nach oben gehievt. Die Kinder kamen in Segeltuchbeutel. Die Männer, Passagiere wie Besatzung, kletterten über die Fallreeps nach oben. Nachdem sie an Deck waren, wurden sie nach unten begleitet, wo Wärme und Nahrung auf sie warteten.

Ruth Becker-Blanchard erinnert sich an ihre Rettung:

> „Zwischen der Kollision mit dem Eisberg und unser Ankunft bei der Carpathia hatte ich keine Angst. Jede Minute erschien mir aufregend. Ich zweifelte nicht einen Moment an unserer Rettung. Erst als die Titanic unterging, die Menschen ins Wasser sprangen und um Hilfe schrien, begriff ich den Ernst der Situation. Meine Mutter, Bruder und Schwester waren auf einem anderen Rettungsboot, so daß ich sie in Sicherheit wußte.
>
> Als wir bei der Carpathia ankamen, waren wir so verfroren, daß wir uns kaum bewegen konnten. Ich kam als erste in die Schaukel und hatte so taube Hände, daß ich mich nicht festhalten konnte und daher festgebunden werden mußte. Als ich nach oben kam, wurde ich in einen Warteraum gebracht, wo den Über-

lebenden Brandy und heißer Kaffee gereicht wurde, damit sie auftauten. Ich schaffte es auch ohne Brandy und Kaffee.

Ich hatte der Frau aus Deutschland versprochen, ihr bei der Suche nach ihrem Baby zu helfen. Ich wollte auch meine Mutter finden. Wir durchforsteten das Schiff von oben bis unten, um sicherzugehen, daß wir keinen eintreffenden Passagier verpaßten. Stunden schienen bei dieser Suche zu vergehen.

Gegen zehn Uhr fand ich meine Mutter. Eine Überlebende kam zu mir und fragte mich, ob ich Ruth Becker sei. ‚Deine Mutter sucht Dich überall'. Sie brachte mich zu meiner Mutter, und so war die Familie wieder vollständig. Die Frau aus Deutschland fand auch ihr Baby. Ich habe niemals einen so glücklichen Menschen gesehen.

Das Baby war im Boot meiner Mutter gewesen. Der Säugling hatte Glück, nicht über Bord geworfen zu werden. Es sah wirklich wie ein Bündel Kleider aus. Doch dann begann das Bündel zu schreien und alle Frauen an Bord kümmerten sich um den Kleinen. Die Mutter war mit ihrem Baby unterwegs zu ihrem Ehemann in New York.

Natürlich freute sich meine Mutter, mich wiederzusehen. Sie war ein nervliches Wrack und heulte jedesmal, wenn jemand wissen wollte, was sie erlebt hatte. Kein Wunder. Sie mußte sich ja um zwei Kinder kümmern und wußte nicht, ob ich mich in Sicherheit hatte bringen können. Ich war ziemlich unbeeindruckt und beantwortete daher alle Fragen."

Die Passagiere der Carpathia standen trotz der Versuche der Besatzung, sie fernzuhalten, an der Reling. In der morgendlichen Dämmerung waren die Menschen stumm und regungslos, als die Überlebenden der Titanic an Bord kamen. Die einzigen Geräusche waren Schritte, ein Seufzer, ein tröstendes Wort oder ein quietschender Stuhl.

Um 6.15 Uhr traf Faltboot C bei der Carpathia ein. Um sieben Uhr kam Boot Nummer 14 zusammen mit Faltboot D mit dem fünften Offizier Lowe an die Seite der Carpathia. Während der Nacht hatte er zwölf Männer und eine Frau (Rosa Abbott) aus dem halb versunkenen Faltboot A in Faltboot D dirigiert. Zusammen mit drei Leichen hatte er Faltboot A versenkt.Die von Ruth Becker geschilderte Brise verursachte bei Lightoller einige Schwierigkeiten, das Faltboot unter Kontrolle zu halten. Die zwei Dutzend Überlebenden mußte sich seinen Befehlen entsprechend zuerst nach links und dann nach rechts bewegen, um das Schiff im Gleichgewicht zu halten. Das Boot lag tief im Wasser, so daß Lightoller Angst hatte, von den Rettern übersehen zu werden. Mit seiner Seemannspfeife machte er auf sein Boot aufmerksam und wurde gerettet. Um 8.30 Uhr konnten die Menschen ihre mißliche Lage verlassen. Auch ein in der Nacht gestorbener Passagier wurde an Bord genommen. Lightoller kam als letzter an Bord. Er war der allerletzte Überlebende der Titanic.

Vier Stunden zuvor, um 4.30 Uhr, wurde Kapitän Lord von seinem technischen Offizier und Wachoffizier George V. Stewart geweckt. Lord sah im Westen klares Wetter

Lichter in der Nacht — 43

Oben links: *Das vom fünften Offizier Harold G. Lowe kommandierte Rettungsboot 14 zusammen mit Faltboot D nähert sich der Carpathia.* (Mr. und Mrs. George Fenwick)

Oben rechts: *Faltboot D vor dem Fallreep der Carpathia.* (National Archives)

Unten links: *Mrs. James Fenwick, Passagierin der Carpathia, fotografierte diesen Eisberg, der die Titanic aufgeschlitzt haben soll.* (Mr. und Mrs. George Fenwick)

Unten rechts: *Die von Überlebenden zurückgelassenen Rettungswesten in einem Boot.* (Mr. und Mrs. Arthur Dodge)

und ließ um 5.15 Uhr die Maschine der Californian anheizen. Zu diesem Zeitpunkt bemerkte man an Bord der Californian einen Dampfer mit vier Masten und einer gelben Fahne. Lord meinte, das Schiff könne in Schwierigkeiten sein, habe vielleicht ein gebrochenes Ruder und erfuhr von seinem zweiten Offizier, daß der Dampfer einige Raketen abgefeuert hatte.

Der Kapitän ließ den Funker wecken. Der sollte herausfinden, wie das Schiff hieß und ob es Hilfe benötigte. Evans stellte seine Anlage an und sendete ein „CQ" „an alle Stationen, irgend jemand soll antworten". Er war von der unmittelbaren Antwort des deutschen Dampfers Frankfurt verblüfft, der ihm mitteilte, daß die Titanic in der Nacht auf 41.46 N, 50.14 W gesunken sei. Diese Position brachte Evans sofort auf die Brücke. Lord ermittelte in aller Eile eine Position von S 16 W, ungefähr 19,5 Meilen vom eigenen Schiff entfernt. Er alarmierte sofort seine Mannschaft und ließ die Maschine anwerfen, die zum ersten Mal seit sieben Stunden wieder arbeitete.

Mit gerade sechs Knoten schlich die Californian auf einem Zickzackkurs ins freie Wasser. Gegen 6.30 Uhr hatte sie das Eisfeld hinter sich gelassen und fuhr nun unter voller Kraft (13,5 Knoten) Richtung Süden.

Gegen 7.30 Uhr wurde die Mount Temple erreicht, die an der über Funk verbreiteten Untergangsposition eingetroffen war. Es gab hier keine Anzeichen eines Untergangs. Die Californian fuhr weiter Richtung Süden, passierte ein Schiff mit zwei Masten, das Richtung Norden unterwegs war, die Almerian, die keinen Funk besaß. Bald sichtete die Californian die Carpathia, die über Funk bestätigte, daß man Überlebende auf-

Lichter in der Nacht ─────────────────────────────── 45

nahm. Lord eilte quer durchs Eis und stoppte gegen 8.30 Uhr auf der Position 41°33' N, 50°01' W.

Nachdem er die Gegend abgesucht hatte und sicher war, daß es keine weiteren Überlebenden gab, ließ Kapitän Rostron die Californian zurück, die nach Überlebenden suchen sollte, die sich vielleicht an irgendwelche Wrackteile klammerten.

Ruth Becker Blanchard erinnert sich:

„Nachdem alle Rettungsboote eingetroffen waren, und es keine Hoffnung mehr gab, weitere Personen zu finden, bereitete sich die Carpathia am Montagmittag auf die Fahrt nach New York vor. Das war der traurigste Moment überhaupt. Nun begriffen die Frauen, die von ihren Männern mit dem Versprechen auf ein baldiges Wiedersehen in die Boote gesetzt worden waren, daß es dieses Wiedersehen nicht geben würde. Die Frauen hatten die Boote beobachtet, nach ihren Männern gesucht und sie nicht gefunden. Sie waren mit dem Schiff untergegangen. Wir waren glücklich, weil mein Vater, wäre er bei uns gewesen, auch im Schiff geblieben wäre.

So begannen wir ganz langsam unsere Fahrt nach New York, weil wir ja noch von Eisbergen umgeben waren. Die Californian kam an die Seite der Carpathia und bot an, Überlebende zu übernehmen, was Kapitän Rostron ablehnte."

Rostron veranstaltete auch einen Gottesdienst im Aufenthaltsraum der ersten Klasse. Danach befahl er eine Zählung der überlebenden Passagiere und Besatzungsmitglieder.

Links: *Gegen 8.30 Uhr traf die Californian an der Unglücksstelle ein. Kapitän Lord hatte mehr als zwei Stunden gebraucht, um das Eisfeld zu durchqueren.* (Mr. und Mrs George Fenwick)

Rechts: *Überlebende auf dem Deck der Carpathia.* (Harper's)

Der Chief-Purser der Carpathia, E. G. F. Brown, und sein Stellvertreter, P. B. Barnett, nahmen die Zählung vor und erstellten eine entsprechende Liste. Der zweite Offizier der Titanic, Lightoller, bereitete die Liste der Besatzung vor, während der Steward der zweiten Klasse, John Hardy, eine Liste der Lebensmittelvorräte zusammenstellte.

Die Zahlen brachten die grausame Wirklichkeit an den Tag: Von den 2228 Menschen an Bord der Titanic hatten nur 705 Überlebende das rettende Deck der Carpathia erreicht.

Als die Carpathia die Stelle des Untergangs verließ, entschloß sich Rostron, nach New York zurückzukehren. Die Überlebenden hatten an Bord seines Schiffes weder ausreichend Platz noch hatte die Carpathia genügend Lebensmittel gebunkert. Die Rückfahrt begann langsam - vier Stunden vergingen, bis das Eisfeld hinter dem Schiff lag.

Nun waren auch die Listen der Überlebenden vollständig. Nachdem er sie durchgesehen hatte, ließ Rostron sie in den Funkraum bringen. Der Funker Harold Cottam hatte die vergangenen 30 Stunden nicht geschlafen und war angesichts der ständigen Anfragen am Rande eines Zusammenbruchs. Den Funker auf dem russischen Dampfer Birma, der nahe genug war, um per Boot einige Listen zu übernehmen, fragte er, ob er ein Marconi-Schiff sei. Nachdem die Antwort negativ war (die Birma hatte eine Einrichtung von DeForrest), herrschte Cottam seinen Kollegen an, dann solle er sich gefälligst aus seinen Frequenzen heraushalten.

Menschenmassen vor dem White-Star-Büro in New York. (Washington Evening News)

Im Heimathafen der Titanic, Southampton, versuchten die Bürger Nachrichten über das Schiff von der Reederei White Star zu erhalten. (Southern Newspapers plc.)

Der Wettbewerb unter den 15 Funkgesellschaften war 1912 so verbissen, daß die Funker angewiesen waren, Meldungen anderer Gesellschaften nicht weiterzuleiten. Selbst im Zeichen der totalen Erschöpfung hielt sich Cottam an die strengen Marconi-Regeln.

Um die Kommunikation zwischen der Carpathia und dem Rest der Welt aufrechtzuerhalten, bat Kapitän Rostron Harold Bride als Entlastung für Cottam in den Funkraum. Bride mußte hineingetragen werden, weil er sich in der Nacht schwere Erfrierungen zugezogen hatte. Cottam konnte sich nun für ein paar Stunden in seine Koje legen und schlafen. Bride übernahm seine Stelle. Cottam und Bride ignorierten alle Anfragen von öffentlicher wie privater Seite. Selbst eine persönliche Bitte von Präsident Taft um Auskunft über das Schicksal seines engen Freundes Major Archibald Butt blieb unerfüllt.

Eine der wenigen Stationen an Land, die kräftig genug waren, um die Signale der Carpathia aufzufangen, war im obersten Stockwerk des Kaufhauses Wanamaker's in New York untergebracht. Viele Stunden lang saß der 21jährige Funker David Sarnoff an seinem Empfänger und schrieb die Namen, die ihm mitgeteilt wurden, auf und gab sie an die New Yorker Zeitungen weiter.

Die Störungen von privaten und offiziellen Stationen waren jedoch so stark, daß viele Namen völlig verstümmelt von Sarnoff empfangen wurden. Erst nach einem Appell von

Menschenmassen auch vor dem Londoner Büro der Reederei. (Autoren-Archiv)

In ganz London wurde für Überlebende gesammelt. (Daily Graphic)

Titanic: Legende und Wahrheit

Der Untergang der Titanic war auch für einen Mord verantwortlich. In Spokane, Washington, hatte man einem analphabetischen Hilfsarbeiter Charles Aleck erklärt, die Schlagzeilen, die vom Untergang der Titanic erzählten, bezögen sich auf ihn. Wütend rannte der einfältige Mann in das Büro des Redakteurs E. H. Rothrock und ermordete ihn. (Portland Journal)

Die Carpathia lädt die Rettungsboote der Titanic im Hafen von New York aus. (Harper's)

Menschenmassen erwarten die Überlebenden an Pier 54. (Illustrated London News)

Präsident Taft wurden alle anderen Funkstationen aufgefordert, ihren Sendebetrieb einzustellen und dem Verkehr zwischen MPA (Carpathia) und MHI (Wanamaker's) Vorrang einzuräumen. Selbst ein Versuch der Astors, die Funkanlage der Familienyacht Noma für eine private Anfrage zu nutzen, wurde abgelehnt.

Schließlich wurde eine noch stärkere Verbindung eingerichtet. Präsident Taft befahl dem Navy-Kreuzer Chester, die Carpathia zu begleiten und mit der Funkanlage auszuhelfen. Bride beklagte sich später über die Qualifikation seines Kollegen auf der Chester. Am 17. April, als sich die Carpathia New York näherte, waren die Namen der Überlebenden bekannt.

Die Fahrt nach New York war nicht besonders angenehm gewesen. Schwere Gewitter und dichter Nebel stellten die Nerven aller Beteiligten auf eine schwere Probe. Doch die Gastfreundschaft der Besatzung und der Passagiere der Carpathia halfen über einiges hinweg.

Ruth Blanchard:
„Die Carpathia war mit ihren Passagieren auf dem Weg nach Europa, als sie unser Notsignal auffing und uns rettete. Daher hatten die 705 Überlebenden nur

Alles, was vom größten Linienschiff der Welt übrigblieb, waren 13 Rettungsboote, die in Pier 59 lagen. Im Laufe der Zeit sind die Boote verrottet oder von Souvenirjägern beschädigt worden. (Autoren-Archiv und New York World)

Platz in den Eßsälen und auf den Decks. Die Kinder saßen auf dem Boden. Ich erinnere mich daran, daß wir Zuckerstücke von den Tischen aßen. Nachts schliefen wir in den Offizierskojen, die tief im Schiff waren, was mir Angst einflößte. Es gab absolut nichts zu tun. Jeder saß herum, redete von seinen Erlebnissen und weinte.

Die Passagiere der Carpathia waren wunderbar. Sie halfen uns, wo sie konnten. Eine Dame schenkte Mutter ein Kleid. Wir trugen Mäntel über unseren Schlafanzügen."

In New York wurde alles getan, um die Überlebenden ohne großen bürokratischen Aufwand zu empfangen. Sogar die ansonsten unverzichtbaren Zollformalitäten wurden gestrichen. Um die Menschen vor Neugierigen und der Presse zu schützen, war der Öffentlichkeit der Zutritt zur Pier der Carpathia und den beiden benachbarten Blocks verboten.

Zusätzlich untersagte die Cunard Line allen Reportern und Familienmitgliedern den Zutritt zur Carpathia auf ihrer Fahrt den Hudson hinauf. Als das Schiff am Abend des 18. April in den New Yorker Hafen einfuhr, wurde es von einer kleinen Flotte begleitet, von der aus Journalisten ihre Fragen an die Titanic-Opfer brüllten. Einige boten auf Plakaten auch Geld für Exklusivgeschichten. Dazu zuckten immer wieder Magnesiumblitze, um die Einfahrt für die Ewigkeit zu dokumentieren.

Die Carpathia ließ diese Boote bald hinter sich, doch als sie ihre Fahrt verlangsamte, um den Hafenarzt an Bord zu nehmen, versuchten einige Reporter, die per Bestechung auf die Barkasse Governor Flower gekommen waren, an Bord zu kommen. Die Besatzung der Carpathia nahm sich ihrer mit handfesten Argumenten erfolgreich an.

Auf dem weiteren Weg in den Hafen mußte die Carpathia gegen starken Wind und Regen kämpfen. Blitzlichter begleiteten ihren Weg vorbei an 10 000 Neugierigen auf der Höhe von Manhattan. Gegen 20.30 Uhr hatte sie ihre eigentliche Pier erreicht, doch sie vollführte eine Drehung, um schließlich an den White-Star-Piers 59 und 60 zu stoppen. Hier kamen die Rettungsboote der Titanic von Bord. Der Schlepper Champion übernahm vier auf Deck. Sieben andere Boote wurden zu Wasser gelassen. Zwei Boote blieben über Nacht auf der Carpathia. Die Boote wurden zwischen den Piers 59 und 60 vertäut.

Die Carpathia fuhr nun langsam weiter zu ihrer Pier, wo sie um 21.30 Uhr festmachte.

Die Überlebenden wurden von Tränen der Freude begrüßt und immer wieder von glücklichen Verwandten in die Arme genommen. Viele suchten sich Hotelzimmer, einige zogen sich in ihre Wohnungen zurück und vierzig Überlebende wurden in die Krankenhäuser der Umgebung gebracht.

Die 174 Überlebenden der dritten Klasse verließen das Schiff gegen 23 Uhr, lange nachdem die anderen Passagiere von Bord gegangen waren. Viele hatten in der Katastrophe alles verloren. Die White Star Line leistete Soforthilfe, an der auch städtische und private Organisationen beteiligt waren.

Lichter in der Nacht ── 51

Arbeitslos und ohne Lohn versammelten sich die Besatzungsmitglieder der Titanic im New Yorker Seemannsheim. (Autoren-Archiv)

Im Gegensatz dazu verließen einige Passagiere der ersten Klasse New York in ihren privaten Zügen. Mrs. Charles M. Hays, Witwe des Präsidenten der Grand Trunk Railroad, bestieg einen Sonderzug in der Grand Central Station, während auf die Thayers und Mrs. George Widener Züge in Jersey City, New Jersey, warteten, um sie nach Philadelphia zu bringen.

Die Grenze zwischen arm und reich, die einige Tage aufgehoben zu sein schien, war wieder da.

Für die zwölfjährige Ruth Becker, ihre Mutter, ihren Bruder und ihre Schwester war gut gesorgt worden:

> „Am Donnerstagabend, drei Tage, nachdem die Carpathia uns gerettet hatte, erreichten wir New York im strömenden Regen. Gute Freunde erwarteten uns und brachten uns in ein Hotel. Am nächsten Tag kaufte uns Mutter neue Kleider von dem Geld, das sie in ihre Kleidung genäht hatte.
>
> Das Hotel erklärte uns zu Ehrengästen und wollte nichts für Essen und Unterkunft haben.
>
> Als wir den Zug nach Indiana bestiegen, bat mich Mutter, kein Wort über die Titanic zu verlieren. Mutter hatte die Nase voll von lästigen Reportern, die sie

Im Mai 1912 überreichte Margarete Tobin (Molly) Brown einen Erinnerungslöffel im Namen der dankbaren Titanic-Überlebenden an den Kapitän der Carpathia, Arthur Rostron. (Library of Congress)

sehr nervös machten. Und sie wollte auch nicht, daß die Zugpassagiere sie ausfragten. Ich versicherte ihr, daß ich nichts sagen würde. Doch als wir in den Zug kamen, wurden meine Geschwister und ich mit Süßigkeiten überschüttet. Unsere Reise nach Indiana war äußerst angenehm. Wir waren froh, wieder an Land zu sein!"

Für einige Überlebende begann sich das Leben bald zu normalisieren. Für andere sollte nichts mehr so sein wie vorher. Auch wenn das Schiff untergegangen war, der Name Titanic sollte unvergessen bleiben.

Doch es gab eine Zeit, da war dieser Name unbekannt, da existierten weder die Werft noch die Männer, die sie entwarfen und bauten. Aber sie brachte jene Männer zusammen, die aus einem Traum Wirklichkeit werden ließen . . .

Drei

Die Welle der Begeisterung

Die Werft Harland and Wolf hat ihren Sitz auf Queen's Island in Belfast. Ihre Ursprünge gehen auf den 21. September 1858 zurück, als Edward James Harland das Gelände am Fluß Lagan von seinem Arbeitgeber Robert Hickson kaufte. Am 11. April 1861 nahm er Gustav Wolf als gleichberechtigten Partner in sein Unternehmen auf. Wolfs Onkel G. C. Schwabe hatte beim Kauf des Geländes finanziell geholfen. Am Neujahrstag 1862 wurde die Partnerschaft als Harland and Wolf besiegelt und seitdem hat sich der Name nicht mehr geändert.

William James Pirrie begann im gleichen Jahr seine Laufbahn als 15jähriger Lehrling. Er wurde bald der Chefentwickler der Firma und 1874 als Gesellschafter aufgenommen. Nach dem Tod von Sir Edward Harland 1896 und Gustav Wolfs Rückzug 1906 wurde Pirrie 1906 geschäftsführender Gesellschafter der Werft.

Pirrie war in den Jahren 1906 bis 1908 für die Modernisierung der Produktionsanlagen verantwortlich. Unter anderem entstanden damals zwei große Hellinge (Nummer drei und vier), die an die Stelle ihrer veralteten Vorgänger traten. Darüber wurde von Sir William Arrol and Company Ltd. Glasgow eine riesige Kranbrücke gebaut.

Dem Bau der beiden neuen Anlagen folgte ein Vertrag zum Bau von zwei neuen Schiffen, den Pirrie mit Joseph Bruce Ismay abgeschlossen hatte, der die Ocean Steam Navigation Company Ltd. leitete, zu der damals die berühmte White Star Line gehörte.

Seit dem Bau der Oceanic 1870 hatte Harland and Wolf mehrere Schiffe für die britische Reederei auf Kiel gelegt. Die Linienschiffe und Frachter zeichneten sich durch hervorragende Qualität aus und machten den Namen White Star weltweit berühmt.

Vor seinem Tod im Jahr 1899 hatte der Gründer und Besitzer der White Star Line, Thomas Ismay, den Bau von vier großen Schiffen geplant, bei denen Komfort und nicht die Geschwindigkeit im Vordergrund stehen sollten. Sein ältester Sohn, der ihm auf den Chefposten folgte, setzte die von seinem Vater begonnene Tradition fort. Nacheinander wurden die Celtic (1901), Cedric (1903), Baltic (1904) und Adriatic (1907) in Dienst gestellt. Damit hatte White Star die modernste Flotte auf dem Nordatlantik.

Die mehr als 200 Meter lange Celtic übertraf mit ihren 20 904 Tonnen als erstes Schiff die 1860 gebaute Great Eastern. Innerhalb der nächsten sechs Jahre sollte die Celtic von ihren drei Schwesterschiffen an Größe noch übertroffen werden.

Links: *Joseph Bruce Ismay (1862 - 1936).* (The Shipbuilder)
Mitte: *William James Pirrie (1847 - 1924)* (The Shipbuilder)
Rechts: *Alexander Montgomery Carlisle (1854 - 1926)* (Illustrated London News)

Doch selbst diese „großen Vier" wurden 1907 von den beiden Linienschiffen der Cunard Line, Lusitania und Mauretania, in den Schatten gestellt. Diese beiden Schiffe, deren Bau von der britischen Regierung subventioniert wurde, waren die Antwort auf fünf große deutsche Dampfer, die zwischen 1897 und 1907 in Dienst gestellt worden waren. Beide Linienschiffe hatten als Antrieb die damals neuartige Dampfturbine, die sich auf Anhieb als äußerst erfolgreich erweisen sollte.

Auch bei White Star sah man die Vorteile der Dampfturbine, und daher hatte die 1909 fertiggestellte Laurentic eine Kombination aus Kolbenmotor und Dampfmaschine. Die im gleichen Jahr fertiggestellte Megantic hatte noch eine konventionelle Kolbenmaschine. Nachdem sich die Laurentic als die wirtschaftlich bessere Lösung erwies, beschlossen die White-Star-Manager für die weitaus größeren Schiffe der Zukunft diese Maschinenkombination zu wählen. In der Tat, nach der Lusitania und Mauretania mußte sich White Star etwas einfallen lassen.

Während einer Unterhaltung beim Dinner schlug Lord Pirrie seinem Partner J. Bruce Ismay den Bau von drei großen Linienschiffen vor. Zwei sollten sofort - das dritte Schiff etwas später gebaut werden. Die Schiffe, die die Cunard-Dampfer um 50 Prozent überragen sollten, würden die Tradition der Reederei „Komfort und Sicherheit vor Geschwindigkeit" fortführen.

Die Namen der Schiffe waren schnell gewählt: Olympic, Titanic und Gigantic. Später dementierten Werft und Reederei, daß der Name Gigantic jemals zur Diskussion gestanden habe. In der Tat gibt es keine offizielle Schriftquelle für den Namen. Allerdings taucht der Name in den Zeitungsberichten nach dem Untergang der Titanic auch in seriösen Blättern wie der New York Times und Lloyd's List and Shipping Gazette auf.

Die Welle der Begeisterung ──────────────────────────────── 55

Die Pläne für die Titanic und ihr Schwesterschiff Olympic entstanden im Zeichenraum der Werft Harland and Wolff in Belfast. (Harland and Wolff)

Es war auch nicht das erstemal, daß der Name für ein Schiff der White Star Line gewählt worden war, wie ein Bericht aus der New York Times vom 17. September 1892 beweist:

„London, 16. September - Die White Star Line hat die berühmte Werft Harland and Wolf in Belfast beauftragt, einen Atlantikdampfer zu bauen, der die Rekorde in Größe und Geschwindigkeit schlagen soll.

Der Name ist Gigantic und er wird 700 Fuß lang sein, 66 Fuß 7,5 Zoll an der breitesten Stelle messen und eine Maschine mit 4500 PS besitzen. Seine berechnete Geschwindigkeit wird 22 Knoten betragen. Maximal sind auch 27 Knoten möglich. Er wird drei Schrauben haben, wovon zwei wie bei der Majestic angeordnet sind und eine im Zentrum laufen wird. Im März 1894 soll er in See stechen."

Dieses Schiff wurde nie gebaut.

Nach dem Untergang der Titanic wurde das dritte Schiff in aller Eile in Britannic umgetauft - ein Name, mit dem die White Star Line stets Glück gehabt hatte. Es war der zweite Liner, der so getauft wurde.

Eine ganze Mannschaft machte sich an die Planung der drei Schiffe. Zu den prominenten Ingenieuren gehörte Alexander Carlisle, Lord Pirries Schwager, der für die Innenausstattung des Schiffs verantwortlich war, wozu die Dekorationen ebenso gehörten wie die Sicherheitsausstattung.

Am 29. Juli 1908 wurden der Reedereileitung und J. Bruce Ismay die Entwürfe für die Schiffe gezeigt. Ismay stimmte zu, was in einer Absichtserklärung am 31. Juli festgehalten wurde. Das reichte beiden Parteien, die sich im Laufe der Zeit darauf verständigt hatten, nur die besten Materialien zu verwenden und die besten Handwerker zu beschäftigen. Alle Rechnungen der Werft wurden anstandslos von der Reederei beglichen.

Sommer und Herbst 1908 standen ganz im Zeichen der Planungen und der Bestellungen von Rohmaterialien und Ausrüstung. Am 16. Dezember wurde der 400. Auftrag, die Olympic, bei Harland and Wolf auf Kiel gelegt. Nun wurde Pirries Weitsicht beim Bau der riesigen Helling und der Kranbauten offensichtlich. Etwas mehr als drei Monate später kam Auftrag Nummer 401, die Titanic, auf Kiel.

Auftragsnummer 401 trug die Baunummer 390904, was, wenn man es hastig aufschrieb und in Spiegelschrift las, von den frommen Werftarbeitern als „No Pope" interpretiert wurde. Erst als die Werftleitung den gottesfürchtigen Männern klar machte, daß es sich dabei um reinen Zufall handelte, war die Arbeiterschaft beruhigt. Dennoch faßten es schon damals einige Zeitgenossen als schlechtes Omen auf.

Die Arbeit an den beiden Ozeanriesen ging so schnell voran, daß bald ein makabres Gerücht die Runde machte. Ein Arbeiter hatte möglicherweise am Ende seiner Tagesschicht einen Kontrolleur gehört, der die Nieten mit einem Hammer überprüfte. Vielleicht war es aber auch ein verärgerter Arbeiter, der sich von seinem Vorarbeiter schlecht behandelt fühlte und mit einem Hammer seinem Ärger Luft machte. Auf jeden Fall machte bald die Geschichte die Runde, daß man einen Arbeiter im Rumpf eingeschlossen hatte, der nun auf sich aufmerksam machte. Auch diese Gruselgeschichte war für abergläubische Naturen kein gutes Omen.

Dabei war das Titanic-Dock sicherer als vergleichbare Docks. Damals galt die Faustregel „ein Toter je 100 000 investierte Pfund". Dies wurde weit unterboten. Beim Bau des Schiffes gab es „nur" zwei Todesfälle.

Je größer die Rümpfe wurden, desto mehr entwickelte sich auch das Interesse der Öffentlichkeit. Der Stapellauf der Olympic am 20. Oktober 1910 wurde sehr genau in allen Wissenschafts- und Marinemagazinen beschrieben. Natürlich berichtete auch die allgemeine Presse über das Ereignis. Während die Olympic ausgestattet wurde, ging der

Oktober 1910: Die Olympic (rechts) kurz vor der Fertigstellung - die Titanic ist noch im Bau. (Engeneering)

Bau der Titanic weiter voran. Im Winter und Frühling 1911 warben die meisten Schiffsausrüster mit dem Spruch „Lieferant für die beiden großen Linienschiffe Olympic und Titanic". Als sich der Stapellauf der Titanic näherte, warben sogar Hersteller von Konsumartikeln wie Seife und Bier damit, auf den Schiffen vertreten zu sein.

Der Tag des Stapellaufs - dem 31. Mai 1911 - war klar und mild. Schon am frühen Morgen waren die ersten Neugierigen, Arbeiter mit ihren Familien, geladenen Gäste auf die Werft gepilgert. Die Prominenten und Pressevertreter hatten eine eigene Tribüne in der Nähe des in die Wolken ragenden Bugs. Noch früher hatte die speziell für dieses Ereignis gecharterte Duke of Argyll Reporter und High Society einschließlich John Pierpoint Morgan, dessen International Mercantile Marine die White Star Line beherrschte, zum Ort des Stapellaufs gebracht.

Kurz vor dem großen Ereignis war auch der letzte Platz besetzt. An den Ufern des Lagan drängelten sich die Neugierigen. Nach Schätzungen sahen mehr als 100 000 Menschen den denkwürdigen Stapellauf.

Kurz vor zwölf Uhr wurde die erste rote Rakete abgeschossen, um allen Zuschauern mitzuteilen, daß der Stapellauf unmittelbar bevorstand. Auf dem Kran wehten die ame-

Oben: *Die Titanic kurz vor ihrem Stapellauf.* (Harland and Wolff)

Rechts: *Zuschauer beim Stapellauf am 31. Mai 1911.* (Illustrated London News)

rikanische, die britische Flagge und im Zentrum die Fahne der Reederei. Die Zeichenfahnen buchstabierten das Wort SUCCESS (Erfolg). Auf dem Rumpf flatterte die Stapellauf-Fahne.

Alles war bereit. Genau um 12.13 Uhr schoß eine zweite Rakete in die Luft. Die aufgeregten Stimmen der Menge veränderten sich zu einem erwartungsvollen Murmeln. Pirrie gab dem Vormann ein Zeichen, mit dem Stapellauf zu beginnen. Es gab keine Taufzeremonie - das war bei White Star so üblich. Auch das wurde später als schlechtes Zeichen beurteilt. Der letzte Holzkeil wurde weggezogen und ein vielstimmiges

Oben: *Der erste Kontakt mit dem nassen Element.* (Harland and Wolff)

Links: *Kurz nach 12.15 Uhr glitt die Titanic ins Wasser.* (Belfast Telegraph)

"There she goes" begleitete die Titanic, die mit Hilfe von 22 Tonnen Schmierseife ins Wasser glitt, wo sie von speziellen Ankern gestoppt wurde, nachdem sie bereits eine Geschwindigkeit von 12 Knoten erreicht hatte.

Nachdem sie den Stahlrumpf-Giganten - immerhin das größte bis dahin gebaute bewegte Objekt - bewundert hatte, verzog sich die Menge wieder in Belfasts Straßen. Fünf Schlepper bugsierten den Rumpf in ein Dock zum weiteren Ausbau.

Lord und Lady Pirrie baten auf Queen's Island zu Tisch. Beim Mittagessen hagelte es Gratulationen. Der Presse und anderen Gästen wurde das Mittagessen in Belfasts Grand Central Hotel gereicht, wo Repräsentanten von Harland and Wolf und White Star zu ihnen sprachen.

Gegen 16.30 Uhr verließ die Olympic an diesem Nachmittag in Begleitung der beiden für den Einsatz in Cherbourg gebauten Barkassen Nomadic und Traffic den Hafen von Belfast. Am Ende des Lough drehten die beiden Schiffe in Richtung Frankreich ab, während die Olympic mit J. P. Morgan an Bord über die Irische See ihren Heimathafen Liverpool ansteuerte. Dort hatte White Star seinen Sitz. Auf den ausdrücklichen Wunsch von Ismay konnte das Schiff zwei Tage von den Bürgern der Stadt besichtigt werden.

Aus allen Teilen Großbritanniens kam die Ausrüstung der Titanic nach Belfast. Werkzeuge, Stahl, Nieten, Sanitärausstattungen, Generatoren, Holz und ganze Seen an Farbe kamen per Schiff, Zug und Lastwagen auf die Werft.

Die irischen Arbeiter und Handwerker brachten die verschiedenen Materialien in Form. Obwohl die Titanic eigentlich amerikanischer Besitz war, hatte sie doch auch einen britischen Eigner, war aber gleichzeitig ein irisches Schiff, indem sie die Talente, Sorgfalt und Leistungsfähigkeit der irischen Arbeiter und Handwerker demonstrierte.

Werftarbeiter befestigen die Taue.
(Cork Examiner)

Im Sommer und Herbst 1911 nahm die massive und zugleich etwas plumpe Hülle die Form eines eleganten Linienschiffes an. Die Aufbauten wurden vervollständigt, die einzelnen Kabinen gebaut und ausgestattet, die Kacheln im Pool verlegt und die elektrischen Kabel gezogen.

Am 18. September 1911 veröffentlichte die Reederei in ihrem Winterfahrplan das Datum der Jungfernfahrt: Am 20. März 1912 sollte die Titanic zum erstenmal mit Passagieren und Besatzung in See stechen. Schon zwei Tage später waren diese Pläne obsolet.

Am 20. September 1911 wurde die Olympic bei der Ausfahrt aus dem Hafen von Southampton zu ihrer fünften Atlantiküberquerung vom britischen Kreuzer HMS Hawke schwer gerammt. Die Ursache für den Zusammenstoß war mißverständliche Navigation auf beiden Seiten. Auf jeden Fall zeigte die Kollision, was ein derartiger Zusammenstoß bei einem Schiff verursachen kann.

Zum Glück gab es trotz der schweren Schäden an beiden Schiffen keine Verletzte bei den Passagieren oder der Besatzung. Die Olympic wurde zwei Wochen lang in Southampton provisorisch repariert. Oberhalb der Wasserlinie benutzte man Holz, unterhalb Stahlplatten, um dann am 4. Oktober zur endgültigen Reparatur nach Belfast ins Dock zu gehen, das sie zwei Tage später erreichte.

Am 4. Oktober mußte die Titanic ihren Platz im Thompson Graving Dock für ihr Schwesterschiff räumen. Sie machte in der Alexander Werft fest. Erst im Trockendock konnte man die Dauer der Reparaturarbeiten an der Olympic genau einschätzen. Zur gleichen Zeit wollte man auch einige Modifikationen an einigen Schwachpunkten der ersten Klasse vornehmen.

Die Fertigstellung der Titanic verlangsamte sich nun, weil viele Arbeiter auf der Olympic gebraucht wurden. Nach wenigen Tagen war klar, daß der ursprüngliche Termin für die Jungfernfahrt nicht zu halten war. Am 10. Oktober veröffentlichte die

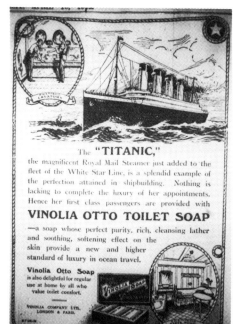

Links: *Mit der Titanic warben alle Lieferanten.* (Belfast Telegraph)

Rechts: *Zwischen dem 1. und 7. März mußte die Olympic in Belfast repariert werden, nachdem sie ein Schraubenblatt verloren hatte. Die Ausstattung der Titanic ging ohne Unterbrechung weiter.* (Merseyside Maritime Museum)

Reederei daher einen neuen Termin: Mittwoch, 10. April 1912. Am 30. November nahm die Olympic ihren Liniendienst wieder auf. Die Titanic kam sofort aufs neue ins Trockendock, wo die Ausstattungsarbeiten weitergingen.

Ende Januar, die vier Schornsteine standen in Reih und Glied, näherte sich die Titanic ihrer Fertigstellung. Anfang März kam die Olympic wieder in die Werft, um eine Antriebsschraube austauschen zu lassen, die am 24. Februar beschädigt worden war. Vom 1. bis 7. März war sie in der Werft, und die Fotos zeigen die beiden Schwesterschiffe, wobei der vordere Teil des Promenadendecks der Titanic noch nicht verkleidet war. Erst ganz am Ende wurden die Dinge gebaut, die beide Schiffe voneinander unterscheiden sollten.

Der 1. April, ein Montag, war kalt und frisch. Ein böiger Nordwestwind fegte über das Land. Damit würden die Testfahrten und das Navigieren im engen Fluß Lagan komplizierter werden. Die Fahrten wurden auf den nächsten Tag verschoben. Die Mannschaft bekam zusätzliche fünf Schilling für die Überstunden.

Der Dienstag, 2. April, war ein klarer und ruhiger Tag. Neben den 78 Heizern waren 41 Offiziere und andere Besatzungsmitglieder wie Techniker, Köche und Stewards an Bord. Bruce Ismay konnte wegen familiären Verpflichtungen nicht kommen. Harold Sanderson vertrat den Vorstand der White Star Line. Lord Pirrie konnte aus gesundheitlichen Gründen nicht teilnehmen. Harland and Wolf wurde daher durch Pirries Neffen Thomas Andrews, dem Geschäftsführer der Werft, und Edward Wilding, einem Marinearchitekten, vertreten. Außerdem waren noch neun Männer von der technischen Kontrollkommission an Bord.

Diejenigen, die nicht die Nacht an Bord verbracht hatten, kamen früh an Bord. Um sechs Uhr morgens bugsierten die Schlepper die Titanic aus dem Dock und der Werft auf den Victoria-Kanal, der auf das Belfast Lough führt.

Am 2. April 1912 wurde die Titanic aus der Werft geschleppt. (Privat)

    An Land standen Neugierige, die beobachteten, wie sich die Titanic, von den beiden Schleppern Hornby (steuerbords), Herald (vorne) und Herculaneum (steuerbords) sowie Huskisson (backbords) gelenkt, in der strahlenden Sonne bewegte.
    Es gab neben dem Gejohle der Zuschauer nur wenige Geräusche, weil die Maschinen der Titanic noch nicht arbeiteten, obwohl der schwarze Rauch aus den Schornsteinen anzeigte, daß die Kessel unter Dampf standen.
    Vom Kanal aus ging es durch den Meeresarm Richtung offene See. Noch immer verließ sich die Titanic auf die Kraft der Schlepper. Zwei Meilen vor der Stadt

Schlepper manövrieren die Titanic zu ihren Testfahrten. (Harland and Wolff)

Die Welle der Begeisterung ─────────────────────────────── 63

Carrickfergus machte die Prozession einen Halt. Die Schlepper kappten die Leinen und kehrten nach Belfast zurück. Die Titanic konnte nun mit der Erprobung beginnen.

Die blauweiße Flagge für Testfahrt ging hoch. Auf der Brücke befahl Kapitän Edward J. Smith seinem vierten Offizier Joseph Boxhall, den Telegraph für den Maschinenraum nach vorne zu schieben. Tief aus dem Schiff kam die Bestätigung - eine Glocke unterbrach die morgendliche Stille.

Die Maschinen der Titanic waren zwar während des Baus mehrere Male getestet worden, doch sie hatten dabei nie echte Leistung zeigen oder das Schiff antreiben müssen. Jetzt bewegte sich die Titanic zum erstenmal aus eigener Kraft. Die Gewässer teilten sich am Bug, während sich hinter dem Heck ein riesiges „V" bildete.

Während des Morgens wurde die Titanic auf Herz und Nieren getestet. Stoppen und Starten, Starten und Stoppen. Kurvenfahrten in allen erdenklichen Radien und Geschwindigkeiten, Serpentinenkurs, die verschiedenen Kombinationen der drei Schrauben, alle nur erdenklichen Dinge wurden durchgespielt.

Die Repräsentanten der Eigner, der Werft und der Aufsichtsbehörden versammelten sich zum Mittagessen im Speisesaal der ersten Klasse, um ihre Notizen und Beobachtungen zu vergleichen. Die ersten Eindrücke waren optimistisch und begeisternd. Das Schiff funktionierte gut, ja besser als erwartet.

Nach dem Mittagessen gingen die Tests weiter. Die Maschinen wurden bei hoher Fahrt auf rückwärts gestellt. Bei einer Geschwindigkeit von 20 Knoten wurde etwas mehr als eine halbe Meile (800 Meter) benötigt, um anzuhalten.

Besatzung und Offiziere besetzten ihre Positionen, und die Titanic nahm nun Kurs

Das Wohnzimmer der Parlour Suite auf dem C-Deck, die von den Ehepaaren Astor und Strauss gebucht worden waren. (Autoren-Archiv)

Oben links: *Der Rauchsalon der zweiten Klasse hinten im B-Deck.* (The Shipbuilder)

Mitte links: *Der Speisesaal der dritten Klasse setzte einen neuen Standard.* (The Shipbuilder)

Unten links: *Die Kabinen zeigten, wieviel Wert die Reederei auf Luxus legte. Eine Luxuskabine auf dem B-Deck kostete 1500 Dollar für zwei Passagiere nebst Diener.* (The Shipbuilder)

Oben: *Die Kabinen der dritten Klasse waren weniger luxuriös, obwohl Zweibettkabinen in dieser Klasse ungewöhnlich waren.* (Autoren-Archiv)

auf die offene See. Sie drehte nach Süden, verfolgte diesen Kurs ungefähr zwei Stunden, um dann wieder in den Meeresarm zurückzukehren. Die Durchschnittsgeschwindigkeit hatte 18 Knoten betragen.

Nachdem die Titanic wieder in den Meeresarm vor Belfast zurückgekehrt war, stoppte sie gegen 18 Uhr. Mr. Carruthers von der Aufsichtsbehörde verlangte noch einen letzten Test: das Herablassen und Lichten der beiden Anker. Nachdem auch das zur Zufriedenheit funktioniert hatte, unterschrieb er die Passagierlizenz des Schiffs, die ein Jahr Gültigkeit haben sollte.

Mit diesem Zertifikat in der Hand überreichte Thomas Andrews das Schiff seinem Besitzer, der durch Harold Sanderson vertreten war. Arbeiter, die nicht mit dem Schiff nach Southampton fahren sollten, wurden an Land gebracht. Von dort kamen frische Nahrungsvorräte, einige Ausrüstungsgegenstände und Stühle für den Empfangsraum der ersten Klasse.

Einige Minuten nach 20 Uhr drehte die Titanic und verließ Belfast zum letzten Mal. Durch die Irische See ging es nun nach Southampton, wo sie zur Mitternachtsflut vom 3. auf den 4. April erwartet wurde. Die Wachen waren besetzt. Für die Vertreter der Werft, die durch das Schiff kletterten und noch alles mögliche überprüften, gab es nur wenig Schlaf. Während dieser Überfahrt erreichte die Titanic kurz eine Geschwindigkeit von 23 Knoten - die höchste, die sie je fahren sollte.

In der Nacht und während des Morgens verfolgte die Titanic ihren Kurs: durch die Irische See, den St. George Kanal, die Küste Cornwalls. Am späten Morgen wurde Land's End erreicht, am Nachmittag ging es an der Insel Wight vorbei. Später in der Dunkelheit wurde das Leuchtschiff Nab passiert und kurz darauf kam in den Gewässern vor Southampton der Lotse an Bord.

Kurz vor Mitternacht erreichte die Titanic bei Flut das Dock der White Star Line. Fünf Schlepper, Ajax, Hector, Vulcan, Neptune und Hercules nahmen das Schiff auf den Haken und brachten es dann, Heck voraus, an seine Pier. Die Abfahrt am 10. April fand bei Ebbe statt, was ein eleganteres Manöver - Bug voraus - ermöglichen würde.

Nach einer Reise von 570 Meilen lag die Titanic nun an Landeplatz 44.

Vier
Aus allen Richtungen

Die Vorbereitungen für den Liniendienst der neuen Olympic-Klasse der White Star Line waren auf beiden Seiten des Atlantiks abgeschlossen. Die neuen Barkassen Nomadic und Traffic waren bei Harland and Wolf speziell für Olympic und Titanic (sowie das noch zu bauende dritte Schwesterschiff) entwickelt und fertiggestellt worden. Sie sollten die Passagiere in Cherbourg an Bord der beiden Schiffe bringen.

In New York waren die Piers 60 und 61 im Chelsea-Komplex zwischen der 14. und der 23. Straße am Hudson River für die Schiffe vergrößert worden.

In Southampton war das neue Dock der White Star Line für den geplanten wöchentlichen Service, den man mit den drei geplanten Linienschiffen aufnehmen wollte, umgebaut worden. Die Fertigstellung der Gigantic war für 1914 vorgesehen.

Die Vorräte der Titanic wurden in Southampton aufgefüllt, die Besatzung vervollständigt und die ersten Passagiere empfangen. Aus der leblosen Stahlhülle wurde hier eine schwimmende Stadt.

Der neue Tiefseehafen in Southampton wurde White Star Dock genannt, um das Unternehmen zu würdigen, für das die neue Anlage gebaut worden war. (Railway Magazine)

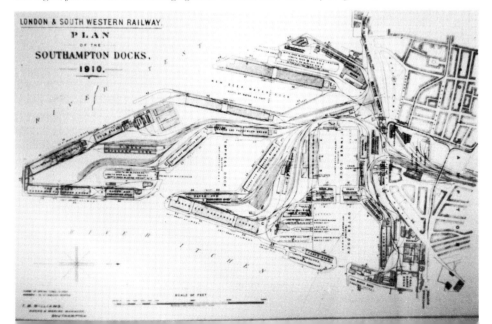

Ganz gleichgültig, wie elegant die Ausstattung eines Luxusliners auch sein mag, wie schnittig die Linienführung - erst Passagiere und eine umsichtige Besatzung erwecken ein Schiff zum Leben. So wie die Ausrüstung aus allen Teilen des Königreichs nach Belfast gekommen war, genauso kamen Vorräte aus allen Ecken des Landes nach Southampton.

Die „Einkaufsliste" der Titanic war mindestens so beeindruckend wie das Schiff selbst:

Frischfleisch	75 000 Pfund	Orangen	180 Kisten (36 000 Stück)
Frischfisch	11 000 Pfund	Zitronen	50 Kisten (16 000 Stück)
Pökel- und Trockenfisch	4000 Pfund	Gewächshaus-Trauben	1000 Pfund
Speck und Schinken	7500 Pfund	Frische Milch	6825 Liter
Geflügel und Wild	25 000 Pfund	Frische Sahne	1200 Liter
Frische Eier	40 000 Stück	Kondensmilch	2730 Liter
Würste	2500 Pfund	Frische Butter	6000 Pfund
Süßbrot	1000 Stück	Grapefruit	50 Kisten
Speiseeis	1750 Liter	Kopfsalat	7000 Köpfe
Kaffee	2200 Pfund	Tomaten	2,75 Tonnen
Tee	800 Pfund	Frischer Spargel	800 Bündel
Reis, Trockenbohnen etc	10 000 Pfund	Frische grüne Erbsen	2250 Pfund
Zucker	10 000 Pfund	Zwiebeln	3500 Pfund
Mehl	200 Faß	Kartoffeln	40 Tonnen
Haferflocken	10 000 Pfund	Gelee und Marmelade	1120 Pfund

Am Karfreitag 1912 (5. April) war die Titanic das einzige Mal über alle Toppen geflaggt. (Privat)

Aus allen Richtungen ———————————————————————— 69

Auch die speziell für die Aufnahme von flüssigen Erfrischungen gebauten Vorratsräume wurden vollständig belegt:

Mineralwasser	15 000 Flaschen
Schnäpse	850 Flaschen

Zwischen dem 4. April und dem Auslaufen am 10. April kamen auch beachtliche Mengen an Glas- und Silberwaren sowie Geschirr an Bord:

Frühstückstassen	4500	Salatschalen	500
Teetassen	3000	Puddingteller	1200
Kaffeetassen	1500	Zuckerdosen	400
Bouillontassen	3000	Fruchtschalen	400
Sahnekännchen	1000	Fingerschalen	1000
Frühstücksteller	2500	Butterteller	400
Dessertteller	2000	Gemüseschalen	400
Suppenteller	4500	Hauptgangteller	400
Kuchenteller	1200	Fleischteller	400
Bouillonuntertassen	3000	Gabeln	8000
Wassergläser	8000	Früchtegabeln	1500
Wasserkaraffen	2500	Fischgabeln	1500
Kristallteller	1500	Austerngabeln	1000
Selleriegläser	300	Buttermesser	400
Blumenvasen	500	Zuckerzangen	400
Eiscremeteller	5500	Fruchtmesser	1500
Eßteller	12000	Fischmesser	1500
Kaffeekannen	1200	Eß- und Dessertmesser	8000
Teekannen	1200	Nußknacker	300
Frühstücksuntertassen	4500	Toastracks	400
Teeuntertassen	3000	Löffel	5000
Kaffeeuntertassen	1500	Dessertlöffel	3000
Soufflègeschirr	1500	Eierlöffel	2000
Weingläser	1500	Teelöffel	6000
Champagnergläser	1500	Salzlöffel	1500
Cocktailgläser	1500	Senflöffel	1500
Likörgläser	1200	Traubenscheren	100
Rotweinkrüge	300	Spargelklammern	400
Salzstreuer	2000		

Der Schatten des Vormastes auf der Brücke. (Illustrated News)

Auch die Mengen an Wäsche konnten sich sehen lassen:

Schürzen	4000	Laken (doppelt)	3000
Decken	7500	Kissenbezüge	15 000
Tischdecken	6000	Servietten	45000
Geschirrtücher	2000	Badetücher	7500
Kochbekleidung	3500	Handtücher (fein)	25000
Tagesdecken	3000	Toilettenhandtücher	8000
Bettücher	3600	Rollenhandtücher	3500
Daunenquilts	800	Küchenhandtücher	6500
Laken (einzeln)	15000	Verschiedenes	40000

Am 6. April war nach sechs Wochen ein verbittert geführter Streik in den Kohlengruben zu Ende gegangen. Das war allerdings nicht früh genug, um die Titanic mit ausreichenden Mengen „Treibstoff" zu versorgen. Daher übernahm man die Vorräte von fünf anderen Schiffen und Reste, die die Olympic hinterlassen hatte. Die war kurz vor der Ankunft der Titanic am 3. April ausgelaufen. Zu den 1880 bereits gebunkerten Tonnen kamen noch einmal 4427 hinzu. Alleine die Woche im Hafen verschlang 415 Tonnen, um die Kräne bedienen zu können und Strom zu produzieren.

Die Offiziersmannschaft war so wie die technische Leitung in Belfast vor den Testfahrten an Bord gekommen. In Belfast hatten auch die beiden Marconi-Funker John

Phillips und Harold Bride ihren Dienst angetreten. Während der Versuchsfahrten und der Überfahrt nach Southampton hatten sie sich mit der leistungsstarken Anlage vertraut gemacht und bereits Nachrichten für die Herrschaften an Bord empfangen und gesendet. Die Funker waren keine Angestellten der White Star Line, obwohl sie sich unter das Kommando von Kapitän Smith gestellt hatten.

Das galt auch für die Mannschaft im à la carte-Restaurant an Bord, die sich aus den beiden Londoner Luxusrestaurants von Luigi Gatti (Gatti's Adelphi und Gatti's Strand) rekrutierte. Sie bekamen von White Star, nachdem sie die Regeln des Schiffs unterschrieben hatten, einen symbolischen Lohn von einem Shilling für die Reise.

Die acht Bandmitglieder waren weder Angestellte der White Star Line noch unterschrieben sie die Schiffsregeln. Sie waren von einer Firma in Liverpool vermittelt worden, die sich darauf spezialisiert hatte, Linienschiffe mit Musikern zu versorgen. Die Musiker gingen in Southampton als Passagiere der zweiten Klasse mit dem Ticket 250654 an Bord. Ihre Kabine hatte keine Nummer und lag auf dem E-Deck auf der

Unten links: *Schwere Taue hielten die Titanic an ihrem Platz im Dock.* (Bob Forrest Sammlung)

Unten rechts: *Eine der wenigen Postkarten, auf der das Heck mit dem Blue Ensign zu sehen ist.* (Bob Forrest Sammlung)

Steuerbordseite im Heck neben Kabine E106. Der leitende Offizier der Olympic, Henry T. Wilde, der kurz vor der Übernahme seines ersten Kommandos stand, mit der Führung und der Struktur der neuen Klasse vertraut, war für die Jungfernfahrt von der Olympic auf die Brücke der Titanic versetzt worden, was dort die etablierte Hierarchie durcheinander brachte. William M. Murdoch wurde so zum ersten, Charles H. Lightoller zum zweiten Offizier gemacht, eine Stellung, die zunächst David Blair eingenommen hatte. Die anderen Offiziere, Herbert J. Pitman (dritter), Joseph G. Boxhall (vierter), Harold G. Lowe (fünfter) und James P. Moody (sechster) behielten ihre Positionen.

Man kann sich leicht vorstellen, daß Blair, von seinen Freunden „Davy" genannt, die Titanic nur ungern verließ. Seine Reaktion auf den Untergang des Schiffs ist nicht bekannt. Er war später als Navigator an Bord der Oceanic, als sie am 8. September 1914 vor Foula im Archipel der Shetland-Inseln unterging.

Die meisten Besatzungsmitglieder - Heizer, Stewards und Küchenhelfer - wurden während des 6. April eingestellt. Der lange Kohlenstreik hatte der arbeitenden Klasse in Southampton stark zugesetzt, so daß man dankbar die Chance ergriff, auf dem modernsten und größten Schiff der White Star Line unter dem Kommando des beliebten Kapitäns Smith arbeiten zu können. Daher waren die Anstellungsbüros voll mit Menschen, wobei die Gewerkschaften, die in letzter Zeit an Einfluß gewonnen hatten, stark vertreten waren.

Viele Jahre lang wurde vermutet, daß ein Schmierer aus Liverpool namens Frank Tower, der später nur „Lucky" oder „Lucks" Tower genannt wurde, angeheuert hatte. Angeblich hatte er die Katastrophen der Empress of Ireland, Lusitania und Titanic überlebt. Leider kann man ihn jedoch nicht auf der Mannschaftsliste finden.

Zwei, die am 6. April anheuerten, erlebten allerdings geradezu unglaubliche Geschichten im Zusammenhang mit Schiffen der Olympic-Klasse. Die Stewardess Violet Jessop und der Feuerwehrmann John Priest waren 1911 auf der Olympic, als sie mit dem Kreuzer Hawke kollidierte, beide überlebten den Untergang der Titanic und des dritten Schwesterschiffs Britannic, die 1916 in der Ägäis von einem feindlichen Schiff versenkt wurde. John Priest überlebte auch noch die Versenkungen der Alcantara und Donnegal während des Krieges. Er mußte dann aber seine Karriere an Bord beenden, weil ihn niemand mehr anheuern wollte. 1935 starb er nach einer Lungenentzündung.

Am 6. April heuerte auch ein Feuerwehrmann an, dessen Heuerbuch auf den Namen Thomas Hart, 51 College Street, Southampton, ausgestellt war. Der Mann war für die 20 bis 24 Uhr Wache eingeteilt und beim Untergang ums Leben gekommen. Harts alter Mutter wurde der Tod ihres Sohnes offiziell mitgeteilt. Sie sah auch seinen Namen auf der Liste, die im Büro der Reederei in der Canute Road aushing. Doch dann erlebte sie den Schock ihres Lebens, als ihr Sohn am 8. Mai in Southampton auf einmal sehr lebendig vor ihr stand. Er gestand zunächst ziemlich kleinlaut seiner Mutter und später den Behörden, daß er im Rausch sein Heuerbuch in einer Kneipe verloren hatte. Nein, er hatte keinerlei Vorstellungen, wer das Buch an sich genommen hatte. Nein, er war nicht an Bord der Titanic gegangen. Seit dem Untergang hatte er sich nicht nach Hause ge-

Aus allen Richtungen _____ *73*

wagt. Man mußte ihm glauben, schließlich stand er lebendig vor den Behörden, die in der Folge nicht feststellen konnten, wer an seiner Stelle ums Leben gekommen war.

Vorräte und Fracht wurden ohne Unterbrechung im Schiff verstaut. Die meisten Besatzungsmitglieder waren angeheuert. Insgesamt 908 dienstbare Geister waren an Bord, als die Titanic Southampton verließ. Am Mittwoch, den 10. April, stand die Titanic zur Jungfernfahrt bereit.

Es ist kein Geheimnis, daß es Menschen mit Vorahnungen gibt. Dazu gehören der fast prophetische Roman von Morgan Robertson aus dem Jahr 1898 „The Wreck of the Titan" und die vom Erste-Klasse-Passagier William T. Stead verfaßten Geschichten über ein Linienschiff, dem Eis zum Verhängnis wird und dessen Passagiere mangels Rettungsbooten nicht mehr gerettet werden können. Die amerikanische Autorin Celia Thaxter hatte 1874 die Kollision eines Schiffs mit einem Eisberg beschrieben.

Doch was ist das alles schon gegen die Wirklichkeit? Insgesamt 55 Buchungen wurden aus den verschiedensten Gründen zurückgezogen.

Henry Clay Frick, ein amerikanischer Stahlbaron, hatte im Februar 1912 eine Suite gebucht, die Buchung aber storniert, als sich seine Frau bei einem Ausflug auf Madeira das Fußgelenk verstaucht hatte. John Pierpoint Morgan übernahm die Buchung, gab sie aber ebenfalls zurück, weil sich Geschäftsgespräche in die Länge zogen. Die Suite wurde dann von einem anderen reichen Amerikaner, J. Horace Harding, gebucht, der dann aber zur Mauretania wechselte. Bei dieser Suite kann es sich um diejenige handeln, die später von J. Bruce Ismay belegt wurde.

Zusammen mit seiner Frau und Tochter hatte der amerikanische Botschafter in Frankreich, Robert Bacon, eine Passage gebucht. Doch dann verspätete sich sein Nachfolger Myron T. Henrick und er stornierte. Dennoch nahmen die Bacons an einer Jungfernfahrt teil: auf der France am 20. April.

Mr. und Mrs. George Vanderbilt hatten ebenfalls auf der Titanic gebucht, zogen dann aber auf Bitten von Mrs. Vanderbilts Mutter wieder zurück. Mrs. Dressler hatte eine Abneigung gegen Jungfernfahrten - „zu unbequem und viel kann schiefgehen." Sie hatte keine Vorahnung hinsichtlich einer Katastrophe, aber ihre Argumente waren überzeugend. Obwohl das Gepäck schon abgeschickt war, stornierten die Vanderbilts ihre Buchung, ließen aber den Diener Frederick Wheeler in der zweiten Klasse mitfahren, um auf das Gepäck zu achten. Er versank mit dem Schiff.

Die meisten anderen Stornierungen hatten handfestere Hintergründe. Mr. und Mrs. James V. O' Brien waren in einen Prozeß verwickelt, der sich vor einem irischen Gericht in die Länge zog. Einige andere Passagiere lehnten die ihnen angebotenen Kabinen ab, während andere nicht die Unterkünfte bekamen, die sie buchen wollten. J. Stuart Holden, Vikar von St. Paul's, Portman Square in London, stornierte, weil seine Frau plötzlich erkrankte.

Doch es gab auch Vorahnungen. Mr. und Mrs. E. W. Bill aus Philadelphia, die im Londoner Hotel Cecil wohnten, hatten Angst vor einer Passage auf der Titanic. Ein oder zwei Tage vor der geplanten Abreise träumte Mrs. Bill vom Untergang. Das Paar stornierte und fuhr statt dessen mit der Celtic. Aus Gründen der Gesundheit, der Vorahnung oder des Geschäfts zogen es 55 Passagiere vor, auf anderen Schiffen zu reisen.

Selbst unter denen, die mit der Titanic fuhren, gab es Passagiere mit Vorahnungen. Walter Harris aus Enfield und Percy Thomas Oxenham aus Pionder's End hatten ihre Passage auf der Philadelphia gebucht, die aber wegen des Kohlestreiks nicht ablegen konnte. Vor seiner Abreise ließ sich Harris bei Freunden von einer Frau aus der Hand lesen. Nachdem sie seine Hand betrachtet hatte, weigerte sie sich zu sagen, was sie gesehen hatte. Sei meinte nur, daß sie das, was sie gesehen hatte, nicht mochte. Plötzlich fragte der kleine Sohn von Harris, „wird Papa ertrinken?" Harris kam ums Leben, Oxenham wurde gerettet.

1320 Passagiere stornierten ihre Buchung nicht. Sie wurden Darsteller in einer der dramatischsten Schiffskatastrophen. Unter ihnen war auch der achtjährige Marshall Briles Drew, der sich kurz vor seinem Tod 1986 an die Gründe seiner Titanic-Passage erinnerte:

„Mein Onkel Jim (James Vivian Drew), Tante Lulu und ich waren in Cornwall im Herbst 1911. Mein Vater und mein Onkel stammten aus der Gegend. Wir fuhren dorthin, um Großmutter Drew und andere Verwandte zu besuchen. Wir waren mit der Olympic, dem Schwesterschiff der Titanic, gekommen. Ich glaube, mein Onkel wählte die Jungfernfahrt der Titanic wegen des ganzen Brimboriums."

Für Marshall, seine Tante, seinen Onkel und alle anderen Menschen an Bord sollte aus dem Brimborium bald der blanke Schrecken werden.

Fünf

Park Lane und Scotland Road

Die Offiziere und leitenden Dienstgrade der Mannschaften blieben während der gesamten Zeit in Southampton an Bord. Sie schoben Wache, beaufsichtigten die Verladung der Vorräte und der Fracht und bereiteten die Abreise vor. Die einfachen Mitglieder der Mannschaft, Heizer, Matrosen, Stewards, wurden erst am Tag der Abreise an Bord erwartet. Ihr Arbeitsvertrag sah vor, daß sie „am 10. 4. 1912 um sechs Uhr morgens an Bord" erscheinen mußten.

Der Tag der Abreise, 10. April 1912. Um 5.18 Uhr ging die Sonne an einem klaren Morgen mit einem mitunter böigen Nordwestwind auf. Der junge Tag sah die Mannschaft der Titanic, die aus allen Teilen Southamptons dem Landeplatz zustrebte. Nachdem sie ihre Heuerbücher gezeigt hatten, ging es weiter zu Landeplatz 44, wo die Titanic samt ihrer vier Schornsteine in der Sonne glänzte.

Um an Bord gelassen zu werden, mußten die Männer und Frauen noch einmal ihre Heuerbücher zeigen, bevor sie ihre Kojen in der Nähe ihrer Einsatzorte aufsuchen konnten. Sie waren auf insgesamt vier Decks untergebracht:

D-Deck	vorne am Bug	108	Feuerwehrleute
E-Deck	vorne am Bug	72	Stauer
	Backbord hinten	44	Matrosen
	Backbord weiter hinten	62	Stewards, zweiter Klasse
		106	Kellner
		24	Stewards (Schlafzimmer)
			Köche, Küchenhelfer
	Backbord in der Mitte		à-la-carte-Kellner
F-Deck	vorne	53	Feuerwehrleute
	Backbord in der Mitte	42	Stewards (dritte Klasse)
	Steuerbord in der Mitte		Technische Offiziere
G-Deck	vorne	15	Leitende Feuerwehrleute
		30	Schmierer

Die anderen Mitglieder der Mannschaft, die Drucker, Pagen, Bügler, Hilfen im Türkischen Bad, die Krankenhelfer und -schwestern, Postbeamte waren in kleinen

Kojen, die über das ganze Schiff verteilt waren, untergebracht. Meistens in unmittelbarer Nähe ihrer Arbeitsplätze. Dies galt vor allen Dingen für die Stewards und Stewardessen der ersten Klasse, in deren Minikabinen zwei, drei oder vier Personen auf engstem Raum unterkamen. Sie waren in allen erdenklichen Ecken der ersten Klasse untergebracht worden.

Die Mannschaft freute sich auf die neue Arbeit. Man lachte und plauderte, als man sich einschiffte und später das unbekannte Schiff erforschte. Viele hatten seit Beginn des Kohlestreiks vor mehr als sechs Wochen nicht mehr gearbeitet. Nun betrat man erwartungsfroh das brandneue Schiff, das unter dem Kommando des väterlichen Kapitäns E. J. Smith stand.

Um 6.30 Uhr ging auch Lord Pirries Neffe Thomas Andrews von Harland and Wolf an Bord. Während der Bauzeit der Titanic war Andrews Direktor der Werft und leitete gleichzeitig die Abteilung für technische Zeichnungen. Er kannte das Schiff daher wie kein anderer, und nachdem Alexander Carlisle 1911 das Unternehmen verlassen hatte, machte er die Jungfernfahrt mit, um als Repräsentant des Konstrukteurs Fehler aufzuspüren, die von den mitreisenden Harland-and-Wolf-Arbeitern beseitigt werden konnten. Andrews hatte fast die gesamte Zeit in Southampton an Bord gearbeitet. Seine Notizen und Verbesserungsvorschläge füllten viele Seiten. Dabei ging es nicht um dramatische Veränderungen, schließlich war das Schiff solide konstruiert und durchaus in der Lage, alle Aufgaben zur Zufriedenheit zu erledigen. Es ging vielmehr um Verbesserungen im Detail, die aus der Titanic eine ganz neue Klasse von Luxuslinern machen würden.

Andrews wohnte in der Kabine A36 hinter dem Backbordeingang zur ersten Klasse. Seine Unterkunft war erst nachträglich eingebaut worden. Auf den Plänen tauchte sie im Januar 1912 noch nicht auf. In letzter Minute, als das vordere Promenadendeck gebaut wurde, war die Kabine noch hinzugefügt worden. Für Andrews war es ein idealer, zentraler Ort, um „sein Schiff" zu überwachen.

Kapitän Edward John Smith, von seinen Stammgästen liebevoll E.J. genannt, kam um 7.30 Uhr an Bord, um sich mit den Verantwortlichen zu treffen, ohne deren Zustimmung man nicht in See hätte stechen können. Er hatte seine Lehrzeit an Bord der Senator Weber, einem in den USA gebauten Segelschiff verbracht, das der Reederei A. Gibson & Co in Liverpool gehörte. 1886 hatte er bei der White Star Line angeheuert, wo er bald auf den wichtigen Schiffen Dienst tat: Frachter nach Australien, Linienschiffe nach New York. Bald darauf übernahm er sein erstes Kommando. Je größer die Schiffe wurden, desto größer wurde auch die Bedeutung von Kapitän Smith. Er arbeitete sich über die Adriatic, Celtic und Coptic (auf der australischen Route) und Germanic nach oben. Im Jahre 1895 wurde er Kapitän der Majestic - ein Posten, den er neun Jahre lang einnehmen sollte. In dieser Zeit machte er auch zwei Truppentransporte nach Südafrika während des Burenkriegs. Für diesen Dienst wurde er mit der Transport Medal ausgezeichnet und gleichzeitig zum Commander der Royal Navy Reserve ehrenhalber befördert. Zur gleichen Zeit bekam er auch die Genehmigung (Nummer 690), die Standarte der britischen Marinereserve, den Blue Ensign, auf den von ihm befehligten Schiffen zu zeigen.

Park Lane und Scotland Road _____ 77

Smith galt in seiner Zeit als sicherer, zuverlässiger Kapitän - und wahrscheinlich war er es auch. Dennoch, er war Kapitän auf der Germanic, als die, von ihrer Eislast überwältigt, am 16. Februar 1899 im New Yorker Hafen kenterte. Und er stand auch auf der Brücke, als die Olympic im September 1911 mit dem Kreuzer Hawke kollidierte. Im Juni 1911 hatte er im Hafen von New York einen Schlepper mit dem Sog der Schrauben der Olympic beschädigt. Wie viele seiner Kollegen hatte Smith offensichtlich Probleme mit den immer größer werdenden Schiffen.

Smith war 62 Jahre alt und näherte sich seiner Pensionierung. Seit 1904 hatte er die neuen Schiffe der Reederei auf den Jungfernfahrten kommandiert, nach der Baltic kam 1907 die Adriatic, dann 1911 die Olympic und nun also die Titanic. Man ging damals davon aus, daß er nach dieser Jungfernfahrt in den Ruhestand wechseln würde. Doch in einem Artikel des in Halifax, Nova Scotia, erscheinenden „Morning Chronicle" wurden Offizielle der White Star Line zitiert, daß er auf der Titanic geblieben wäre, bis das noch größere Schwesterschiff fertiggestellt gewesen wäre. Das ist das einzige Dokument in dieser Angelegenheit. Die Gigantic sollte aber frühestens 1915 auf Jungfernfahrt gehen. Smith wäre dann mit 65 Jahren der älteste Kapitän auf einem Ozeandampfer gewesen. Vielleicht wollte er ja wirklich noch drei Jahre weitermachen . . .

Um acht Uhr morgens ging die Fahne der britischen Marinereserve hoch, und die Mannschaft versammelte sich zur Musterung an Bord. Die Bestimmungen des Schiffs wurden in allen Abteilungen verteilt. Kapitän Benjamin Steele, der Personalchef der White Star, überwachte die Musterung höchstpersönlich. Jeder Mann wurde ärztlich untersucht, ein Repräsentant des Unternehmens überprüfte die endgültige Namensliste, brachte sie zu Kapitän Steele, der sie wiederum zur Kontrolle und endgültigen Unterschrift Kapitän Smith vorlegte.

Einige Männer, die an Bord arbeiteten, erschienen allerdings nicht auf der Namensliste. Dazu gehörten die fünf Postbeamten (drei Amerikaner, zwei Briten), die acht Musiker des Orchesters, die als Passagiere der zweiten Klasse geführt wurden, davon aber kaum etwas hatten, die neun Arbeiter von Harland and Wolf und Thomas Andrews. Drei der Männer wohnten in der ersten Klasse, die anderen in der zweiten. 22 Namen fehlten also auf der Mannschaftsliste, obwohl sie hart an Bord arbeiten mußten.

Während der Musterung nahm die Aufsichtsbehörde, vertreten durch Kapitän Maurice Clark aus Southampton, die letzten Kontrollen vor. Seine Aufmerksamkeit galt vor allen Dingen den Rettungsbooten. Er überprüfte sie ganz genau, ließ zwei Boote (Nummer 11 und Nummer15 steuerbords) herunter- und wieder hochholen, wobei der fünfte Offizier Harold G. Lowe und der sechste Offizier James P. Moody die Aufsicht hatten. Nachdem er zufrieden feststellte, daß die Boote in gutem Zustand waren und die Mannschaft gut gearbeitet hatte, machte er sich auf den Weg zur Brücke.

Dort sah er zusammen mit dem Kapitän des Schiffes die Papiere durch. Ihm wurde der „Report of Survey of an Immigrant Ship" und die Freigabe der Belfaster Aufsichtsbehörde vorgelegt, die ein Jahr lang Gültigkeit hatte. Clarke unterschrieb seinen Report zweimal und bestätigte damit, daß er eine ausreichende Rettungsbootübung gesehen und daß die Titanic mit 5892 Tonnen Kohle genügend Vorräte gebunkert hatte, um das Ziel New York zu erreichen.

Als letzte Formalität überreichte Kapitän Smith den sogenannten „Master's Report to Company", in dem er bestätigte, daß sein „Schiff auf die Fahrt vorbereitet ist, und Maschinen wie auch die Karten in einem guten Zustand sind. Ihr gehorsamer Diener Edward J. Smith"

Die Männer schüttelten sich die Hände, wünschten eine gute Fahrt und verließen dann die Brücke.

Sie wurden fast übergangslos von Thomas Andrews und dem stolzen Besitzer des Schiffes Joseph Bruce Ismay abgelöst. Der Chef der White Star Line hatte seine Familie einen Tag zuvor im Auto nach Southampton chauffiert. Die Nacht hatten die Ismays im South Western Hotel (mit Blick auf die Docks) verbracht. Mrs. Ismay und die Kinder nahmen an der Reise nicht teil, bekamen dafür aber eine private Besichtigungstour.

Nachdem er seine Familie bei einem Offizier gelassen hatte, gingen Ismay und Andrews auf die Brücke, wo sie dem Kapitän des Schiffs gratulierten. Erst 96 Stunden später sollten Ismay und Andrews wieder auf der Brücke der Titanic stehen. . .

Der Zug mit den Passagieren der dritten Klasse traf aus London kommend um 9.30 Uhr in Southampton ein. Um 7.30 Uhr war er in der Waterloo Station gestartet. Die Passagiere betraten die Titanic entweder durch den Eingang der zweiten Klasse im Heck des C-Decks oder die beiden Eingänge der dritten Klasse weiter hinten im C-Deck oder im vorderen Teil des Schiffes.

Viele der 497 Passagiere der dritten Klasse, die in Southampton an Bord gingen, kamen aus Skandinavien. Die White Star Line machte viel Werbung in Norwegen und Schweden, wo sie auch ein enges Netz von Ticketagenturen aufgebaut hatte. In Süd-europa stand White Star auf den Routen Triest-Boston und Genua-Boston im harten Wettbewerb mit Cunard um die Auswanderer. 1912 bevorzugten viele Skandinavier Schiffe von White Star, um über Liverpool oder Southampton in die USA auszuwandern. Die meisten Auswanderer hatten „das nächst erreichbare Schiff" gebucht. Und das war die Titanic.

Anderson und Andersson; Asplund - Selma und Karl mit fünf Kindern; Berglund und Berklund; Hagland, Hansen; Johnson und Johnsson; Alma Paulson und ihre vier Kinder (alle ums Leben gekommen); Anna und William Skoog mit vier Kindern (alle ums Leben gekommen); John Svensson und Servin Svensson (Servin überlebte und erreichte sein Ziel in Süd-Dakota). Insgesamt waren es 150 Erwachsene und 30 Kinder.

Die Skandinavier hatten jedoch nicht das Monopol auf große Familien. Von den 183 britischen Passagieren der dritten Klasse, kamen alleine 19 aus zwei Familien. Fred und Augusta Goodwin und sechs Kinder, einschließlich Baby Sidney sowie John und Annie Sage mit ihren neun Kindern. Alle 19 kamen ums Leben.

Ebenfalls an Bord waren Frank und Emily Goldsmith mit ihrem Sohn Frank J. auf dem Weg nach Detroit, Michigan. Leah Aks (mit ihrem zehn Monate alten Sohn Frank genannt Filly, gebucht nach Norfolk, Virginia, um dort ihren Ehemann zu treffen.

Park Lane und Scotland Road _____ 79

Die Kabinen der dritten Klasse waren auf den Decks D, E, F und G untergebracht. Mit Eingängen an Bug und Heck. Zwischen den vorne und den hinten gelegenen Kabinen gab es einen breiten Korridor auf dem E-Deck, der fast die gesamte Länge des Schiffs einnahm, von den Offizieren „Park Lane" und von der Mannschaft „Scotland Road" genannt wurde. Auf den anderen Decks gab es keine durchgehende Verbindung.

Die Treppen der dritten Klasse führten auf mit Linoleum belegte Flure mit Stahlwänden. In den Kabinen gab es entweder zwei Kojen oder sechs bis acht Schlafstellen. Weil die Titanic nicht für große Mengen von Auswanderern ausgerüstet war, gab es nur einen großen Schlafraum auf dem F-Deck. Viele Linienschiffe hatten damals allerdings noch diese Schlafsäle.

Im G-Deck konnte man mit beweglichen Wänden je nach Bedarf Platz für die Passagiere schaffen. Mit Ausnahme dieser Räumlichkeiten waren alle anderen Kabinen der dritten Klasse mit Kiefernholz getäfelt, was die Titanic von den anderen Schiffen ihrer Zeit unterschied, wo man die Passagiere der dritten Klasse in unverkleideten, stählernen Kabinen unterbrachte.

Zum erstenmal, seitdem die Werftarbeiter diesen Teil des Schiffes verlassen hatten, gab es hier Leben, klangen die Freude und auch der Schmerz des Abschieds durch diese Hallen. Zugleich gab es auch Verwirrung unter den Passagieren, die ihre Kabinen suchten und selbst nachdem ihnen Stewards die Richtung angegeben hatten, ziellos durch die Gänge irrten.

Die Passagiere der zweiten Klasse gingen wesentlich ruhiger und gelassener an Bord. Ihre Kabinen lagen zentral angeordnet auf den Decks D, E und F, die durch zwei nebeneinander liegende Eingänge erreicht wurden. Einer der beiden war mit einem Aufzug ausgerüstet, der vom G- bis aufs Bootsdeck fuhr. Die Korridore waren mit rotem oder grünem Teppichboden ausgelegt, die Wände holzgetäfelt.

Die Kabinen der zweiten Klasse auf der Titanic konnten es mit den Räumlichkeiten der ersten Klasse auf anderen Schiffen aufnehmen. Die Räume mit zwei, drei oder vier Betten waren hell, viele hatten Blick auf die See und waren weiß getäfelt. Jeder Raum war mit Mahagoni-Möbeln, komfortablen Etagenbetten und falls benötigt, Schlafcouch als zusätzlichem Bett ausgestattet. Als Material für den Fußboden war Linoleum gewählt worden.

Die Korridore füllten sich bald mit fröhlich plaudernden Menschen, unter ihnen auch der achtjährige Marshall Drew, der mit seinem Onkel und seiner Tante die zweite Atlantiküberquerung in einem Jahr vor sich hatte. Zusammen mit seinem Onkel durfte Marshall einen Gang durch die erste Klasse machen, wobei sie auch die Turnhalle dort besichtigten. Auf dem Weg zurück zu ihrer Kabine machten sie einen Halt beim Friseur, wo man auch Souvenirs kaufen konnte. Dort schenkte Onkel Jim seinem Neffen ein Stoffband, daß den von der Mannschaft getragenen ähnelte. Darauf stand in Goldbuchstaben „RMS Titanic".

Die siebenjährige Eva Hart und ihre Eltern Benjamin und Esther waren auf dem Weg nach Winnipeg, Kanada, wo Mr. Hart ein Geschäft eröffnen wollte. Eva und ihr Vater waren unzertrennbar und erforschten das Schiff gemeinsam. Mrs. Hart fühlte sich nicht wohl an Bord und traute auch nicht dem Etikett „unsinkbar", das dem Schiff von der Presse verliehen worden war. Außer zu den Mahlzeiten verließ sie die Kabine nicht. Sie schlief den Tag über, weil sie davon überzeugt war, daß ein Unglück, wenn überhaupt, nachts eintreten würde. Da wollte sie dann wach sein.

Ein „Mr. Hoffmann", unterwegs mit zwei kleinen Kindern, machte einen abweisenden Eindruck und mied die anderen Passagiere. Mr. William Harbeck war mit zwei Filmkameras und gut 30 000 Metern belichtetem Film, das meiste von der Titanic handelnd, unterwegs. Mr. Lawrence Beesley, ein Naturwissenschaftslehrer auf dem Dulwitch College, unterzog jedes Detail seiner genauen Musterung.

Die Zeit verging. Schließlich war es elf Uhr. Noch eine knappe Stunde bis zum Ablegen. Um 11.30 Uhr schließlich traf der Zug mit den meisten der 193 Passagieren der ersten Klasse ein. Der Zug hatte London um 9.45 Uhr verlassen.

Viele berühmte Passagiere gingen später in Cherbourg an Bord, doch die „Vorhut" in Southampton konnte sich auch sehen lassen:

Isidor Strauss, der amerikanische Kaufmann und seine Frau Ida, die sich um viele wohltätige Organisationen verdient gemacht hatte, gingen zusammen mit Ellen Bird, dem Mädchen von Frau Strauss, und John Farthing, Diener von Isidor Strauss, an Bord. Der berühmte Theaterproduzent Henry B. Harris und seine Frau René gehörte ebenso zu der illustren Gesellschaft wie der Historiker Oberst Archibald Garcie, der in England über den Krieg von 1812 geforscht hatte. Garcie war durch sein Werk über den amerikanischen Bürgerkrieg berühmt geworden. In Southampton ging auch Mrs. Ida Hippach aus Chicago mit ihrer Tochter Jean an Bord. Am 30. Dezember 1903 hatte Mrs. Hippach ihre beiden Söhne Robert (14) und John (8) beim Brand des Iroquois Theaters in Chicago verloren. Insgesamt waren damals 602 Menschen ums Leben gekommen.

Der berühmteste und reichste Passagier war Oberst John Jacob Astor (seinem militärischen Rang hatte er sich im spanisch-amerikanischen Krieg verdient), der mit seiner Frau Madeleine Force Astor nach New York reisen wollte. Zur Gesellschaft gehörten außerdem Diener Victor Robbins, Rosalie Astor als Mrs. Astors Mädchen und die Krankenschwester Caroline Endres, die engagiert worden war, weil die 19jährige Frischvermählte (ihr Ehemann war 48 Jahre alt) im fünften Monat schwanger war.

Die Gruppe belegte die Parlour Suite mittschiffs auf dem C-Deck. Sie bestand aus einem Wohnraum, zwei Schlafzimmern, einem Badezimmer nebst Toilette und zwei Garderoberäumen für die Schrankkoffer. Mrs. Endres hatte ihre eigene Kabine C45, wo sie in ständiger Einsatzbereitschaft sein mußte.

Die von den Astors und dem Ehepaar Strauss reservierten Parlour-Suiten auf beiden Seiten des Schiffs waren im Stil Ludwigs XIV. (C62, Astor) oder Regency-Stil (C55, Strauss) eingerichtet. Die Möbel waren aus Eichenholz, der Teppichboden war dunkelblau. Man konnte leicht glauben, daß diese Kabinen nicht zu übertreffen waren, doch es gab noch größeren Luxus auf diesem Schiff.

Die beiden Promenaden-Suites (B51, steuerbord; B52, backbord) auf dem B-Deck neben dem vorderen Eingang zur ersten Klasse hatten nicht nur die Annehmlichkeiten der Parlour-Suiten, sondern zusätzlich ein eigenes Promenadendeck über die gesamte Länge der Suiten. Ohne Aufpreis gab es zusätzlich die Kabinen B101 (für B51) und B102 (für B52), in denen die Dienerschaft unterkommen konnte.

Einige Kabinen auf den Decks B und C ließen sich zu Suiten verbinden. Mit dem Luxus der Epoche ausgestattet und holzgetäfelten Wänden sowie Mahagoni-Möbeln spiegelten sie den luxuriösen Anspruch der White Star Line wieder.

Andere Kabinen der ersten Klasse waren mittschiffs auf dem D- und E-Deck auf der Steuerbordseite untergebracht. Sogar diese „zweitklassige" Unterbringung war komfortabel, ja luxuriös, verglichen mit anderen Schiffen der damaligen Zeit.

11.45 Uhr. Der Moment der Abreise war nah. Der Lotse George Bowyer war schon an Bord, was auch die rot-weiße Lotsenfahne zeigte. Kurz vor zwölf wurde der blaue Peter gehißt. Die Abreise stand nun unmittelbar bevor. Auf der Brücke gab Kapitän Smith dem Steuermann einen Befehl, der daraufhin die lautstarke, dreitönige Pfeife der Titanic bediente. Dreimal übertönte die Pfeife alles andere in Southampton.

Die Offiziere hatten ihre Positionen eingenommen, was sie der Brücke über Telefon mitteilten: Wilde und Lighroller am Bug, Murdoch und Pitman am Heck. Auf der Brücke nahm der fünfte Offizier Lowe ihre Meldungen entgegen und gab sie an Kapitän Smith und Lotse Bowyer weiter.

„Schlepper alle da."

Beim Verlassen des Hafens erzeugte die Titanic *derartige Wellen, daß sich die* New York *losriß und eine Kollision drohte. Der Schlepper* Vulcan *verhinderte den Zusammenstoß.* (L'Illustration)

Die Titanic nach der Beinahe-Kollision mit der New York auf dem Weg nach Cherbourg. (Daily Graphic)

Passagiere der dritten Klasse blicken vom Heck ein letztes Mal nach Southampton. (Daily Graphic)

Park Lane und Scotland Road

„Leinen los", hieß es von der Brücke.

Die gewaltigen Taue klatschten ins Wasser und wurden von den Männern am Kai ans Land gezogen. Die Titanic verließ langsam ihre Pier.

Freilich noch nicht aus eigener Kraft. Denn zunächst wurde sie von den fünf Schleppern Ajax, Hector, Neptune, Hercules und Vulcan auf Kurs gedrückt und gezogen.

Acht Mitglieder der Heizertruppe hatten sich nach der Musterung in zwei Pubs noch ausgiebig von Southampton verabschiedet - etwas zu ausgiebig. Nun rannten sie zu ihrem Schiff, wo gerade die Gangways eingezogen wurden. Nur zwei schafften es an Bord, die anderen, darunter drei Brüder namens Slade, die Heizer Shaw und Holden sowie der Stauer Brewer blieben fluchend zurück. Die Schiffsleitung war auf solche Fälle eingestellt und hatte zusätzliche Kräfte sozusagen auf Vorrat eingestellt.

Die Titanic wurde nun von den Schleppern in eine Position flußabwärts manövriert. Die Schlepper zogen sich zurück - die beiden Schrauben der Titanic wurden aktiviert. Gegen die Flut kam die Titanic zunächst langsam vorwärts, doch dann drehten sich die Schrauben immer schneller und sie nahm Fahrt auf.

Auf der Steuerbordseite waren die von dem großen Schiff verursachten Turbulenzen harmlos und verloren sich im Fluß Test. Doch backbords brachen sich die Wellen an den Dockmauern. Dort lagen die Oceanic und die New York, beide vom Kohlenstreik lahmgelegt. Beide waren flußabwärts vertäut, wobei die New York außen lag.

Die Wellen der Titanic brachten die New York zunächst ins Schaukeln. Doch die Bewegungen waren für die Taue zu stark und rissen mit einem lauten Knall. Die beschleunigende Titanic zog große Mengen Wasser hinter sich her. Das Heck der New York hatte sich losgerissen und bedrohte nun die vorbeifahrende Titanic.

Der aufmerksame Kapitän Gale vom Schlepper Vulcan schaffte es, zwei Taue am Heck der unbemannten New York, das gerade einen Meter von dem der Titanic entfernt war, zu befestigen. Auf der Brücke verhinderten instinktive Reaktionen von Kapitän und Lotsen eine Kollision. Der Befehl „Volle Kraft zurück" wurde gegeben und die Titanic bewegte sich langsam zurück in Richtung Dock. Das Schiff passierte die immer noch bedrohlich nahe New York. Doch Vulcan hatte sie unter Kontrolle.

Die New York hatte sich nun vollständig losgerissen, wurde aber von Schleppern einigermaßen in Schach gehalten. Die Oceanic wurde mit zusätzlichen Tauen gesichert, so daß es keine Wiederholung dieses Vorfalls geben konnte.

Die Abfahrt der Titanic hatte sich dadurch um mehr als eine Stunde verzögert. Kein guter Start und ein schlechtes Omen für nicht wenige Zeitgenossen. Sollte die Titanic ein auf ewig verspätetes und immer unglückliches Schiff sein? Die Zeit würde eine Antwort geben - vielleicht.

Das Schiff fuhr nun durch den Ocean Channel in die Gewässer um Southampton, an der Isle of Wight vorbei zum Leuchtschiff Nab, wo sich Lotse Bowyer verabschiedete. Mit den besten Wünschen und der Ankündigung, daß man sich ja in 14 Tagen wiedersehen würde, ging „Uncle George" von Bord.

Cherbourg, der nächste Hafen der Titanic, lag auf der anderen Seite des Kanals, 70

Die Titanic passiert eine Yacht bei der Isle of Wight. (Peter Pearce)

Meilen entfernt. Danach war noch ein kurzer Stopp im irischen Queenstown eingeplant. Dann gab es nur noch die offene See bis zum Eintreffen am 17. April an der White Star Pier Nummer 60 in New York.

Dem sollten drei Tage New York folgen, wo man am 20. April in Richtung Großbritannien aufbrechen würde. Die französische Trikolore wehte am Vorderdeck, als sich die Titanic auf den Weg nach Cherbourg machte.

Sechs

Nach Westen, dem Schicksal entgegen

Die 142 Passagiere der ersten, die 30 der zweiten und 102 der dritten Klasse kamen ausnahmslos alle mit dem Train Transatlantique nach Cherbourg. Die sechsstündige Fahrt von Paris an die Atlantikküste hatte um 9.40 Uhr im Gare St. Lazare begonnen. Zur selben Zeit hatte sich in London der Zug nach Southampton in Bewegung gesetzt.

Seit 1907, als White Star mit dem Liniendienst von Southampton nach New York begonnen hatte, nutzte die Reederei Cherbourg als Brückenkopf auf dem Kontinent. Der Ort hatte einen hervorragenden, von einer Seemauer eingefaßten Hafen, dem allerdings die Möglichkeiten, große Schiffe abzufertigen, fehlten. Die Linienschiffe mußten alle draußen auf der Reede auf die Passagiere warten.

Die Passagiere kamen mit Barkassen an Bord. 1911, rechtzeitig für die Jungfernfahrt der Olympic, wurden auch die bei Harland and Wolf gebauten Barkassen Nomadic und Traffic fertiggestellt, die nun auch die Titanic bedienten.

Der Train Transatlantique brachte die Passagiere von Paris nach Cherbourg. (Autoren-Archiv)

Die Passagiere wurden mit den beiden Barkassen Nomadic (erste und zweite Klasse, links) und Traffic zu der auf Reede vor Anker liegenden Titanic gebracht. (Autoren-Archiv)

Der Train Transatlantique traf pünktlich am Terminal ein. Das Einschiffen war für kurz nach 16 Uhr vorgesehen, verschob sich aber wegen der Beinahe-Kollision mit der New York auf 18 Uhr. „Die Passagiere werden gebeten, sich für die Einschiffung um 17.30 Uhr bereitzuhalten." Glücklicherweise war das Wetter gut. Bei Regen hätten die Passagiere in den Decks der beiden Barkassen warten müssen.

Es war eine äußerst interessante Gruppe, die sich in und vor dem kleinen Terminal versammelt hatte. Die Saison war fast vorüber, und neben den Geschäftsreisenden gab es auch einige Prominenz, die auf die Titanic wartete.

Mrs. Charlotte Drake Cardeza und ihr Sohn Thomas aus Philadelphia wurden nicht nur von Mr. Cardezas Diener Gustave Lesneur und Mrs. Cardezas Mädchen Anna Ward begleitet. Vierzehn Schrankkoffer, vier Koffer und drei Kisten mit Gepäck reisten ebenfalls mit. Später bezifferte Mrs. Cardeza den Gesamtwert auf 177 352,75 Dollar. Die Cardezas hatten die Promenadensuite B51 gebucht, mit eigener Promenade, die nach einem Prospekt der White Star Line 4350 Dollar kostete.

Zu den prominenten Passagieren gehörte auch der amerikanische Millionär Benjamin Guggenheim, der sein Geld mit Bergwerken gemacht hatte, und sein Diener Victor Giglio. Chauffeur René Pernot machte die Überfahrt in der zweiten Klasse mit. Sir Cosmo und Lady Duff-Gordon, nebst Sekretärin Miss Laura Francatelli hatten auch die Überfahrt nach New York gebucht. Lady Duff-Gordon war als Modeschöpferin „Lucille" international bekannt. Aus unbekannten Gründen hatten sie ihre Passage unter dem

Nach Westen, dem Schicksal entgegen _____ 87

Namen Mr. und Mrs. Morgan gebucht. Mrs. James Joseph Brown, von ihren Freunden kurz und bündig „Molly" genannt, hatte während ihres Urlaubs in Ägypten die Astors getroffen und wollte die Atlantiküberquerung unbedingt zusammen mit dem Paar machen. Daher hatte sie ihre ursprüngliche Buchung auf die Titanic ändern lassen.

Unter den Passagieren der zweiten Klasse war ein gewisser „Baron von Drachstedt", der seine Unterkunft indiskutabel fand und daher gegen Nachzahlung in der ersten Klasse fuhr. Während der Untersuchung in den USA mußte der „Baron" zugeben, daß er in Wahrheit ganz bürgerlich Alfred Nournay hieß.

In der zweiten Klasse hatte auch der bekannte amerikanische Marinejournalist und Illustrator Samuel Ward Stanton gebucht. Stanton kehrte von einem Aufenthalt in Granada zurück, wo er Skizzen von der Alhambra angefertigt hatte, nach denen er den neuen Dampfer Washington Irving der River Day Line dekorieren wollte.

Die Passagiere in der dritten Klasse stammten aus Syrien, Kroatien, Armenien und anderen Staaten des Mittleren Ostens, die über Marseille nach Paris und von dort nach Cherbourg gekommen waren. Die meisten der 102 Reisenden waren müde von der langen Reise und verwirrt von den fremden Sprachen um sie herum. Das Einschiffen konnte für sie gar nicht früh genug beginnen.

Gegen 17.30 Uhr wurden die letzten Passagiere in die Barkassen gebeten. Die 172 Passagiere der ersten und zweiten Klasse nahmen mit ihrem Gepäck nicht einmal ein Fünftel des Platzes auf der Nomadic ein, und auch die Reisenden der dritten Klasse füllten die Traffic gerade zu einem Viertel.

Obwohl Kapitän Smith nicht versucht hatte, die bei der Beinahe-Kollision verlorene Zeit aufzuholen, erreichte das Schiff Cherbourg noch am späten Nachmittag. Als die Titanic in das Hafenbecken einfuhr, spiegelte sich ihr majestätischer Stahlrumpf im ruhigen Wasser. Es war 17.30 Uhr, als die Titanic ihren Anker in Cherbourg fallen ließ.

Die beiden Barkassen legten an der Seite der Titanic an. 15 Passagiere der ersten und sieben der zweiten Klasse bereiteten sich auf die Ausschiffung vor. Diese Kanalpassagiere hatten für die Überfahrt 1,50 Pfund in der ersten und ein Pfund in der zweiten Klasse bezahlt. Ihre Namen tauchen nicht auf der offiziellen Passagierliste auf, sie sind aber auf der Ticketliste festgehalten. Nach Queenstown wurden sieben Reisende in der ersten Klasse für vier Pfund transportiert.

Post kam an und ging von Bord. 274 Passagiere und Gepäck kamen an Bord. Fracht - unter anderem vier Fahrräder, acht Kisten und ein Kanarienvogel für einen Mr. Meanwell - gingen von Bord. Innerhalb von 90 Minuten war das Schiff wieder klar für die Abreise. Zum zweiten Mal an diesem Tag machte sich die Titanic akustisch bemerkbar. Dreimal zerschnitt ihre Pfeife die Stille des Abends und kündigte die Weiterfahrt an.

Um acht Uhr hatten die Barkassen abgelegt, und die gewaltige Ankerkette wurde an Bord geholt. Gegen 20.10 Uhr machte sich die Titanic auf den Weg zum nächsten Stopp in Queenstown.

Durch die Grand Rade und die Lichter von Cherbourg hinter sich lassend, erreichte die Titanic das offene Meer. Der Puls ihrer Maschinen wurde ständig schneller. Sie

Voll illuminiert traf die Titanic gegen 18.30 Uhr am 10. April ein. (L'Illustration)

durchquerte den Kanal vorbei an der britischen Südküste und erreichte die Ausläufer des St. George Channel und dann die Irische See.

Am Morgen erreichte die Titanic bei einem herrlichen Sonnenaufgang die irische Küste. Um den Kompaß einzustellen, waren bei der Fahrt durch den St. George Channel einige weitgeschwungene Kurven notwendig. Der letzte Halt vor der Fahrt nach New York war laut Fahrplan Queenstown. Nach der Passage des Leuchtfeuers Daunt wartete das Schiff auf den Lotsen, um danach die Hafenöffnung bei Roche's Point anzusteuern. Um 11.30 Uhr ging der gewaltige Anker ein weiteres Mal runter. Die Titanic wartete auf irische Passagiere und Post.

Vom ungefähr zwei Meilen entfernten Land kamen die beiden Barkassen America und Ireland, die heute viel mehr Menschen und Post als sonst zu transportieren hatten und daher Reisende und Fracht direkt am Pierende in der Nähe des Bahnhofs aufgenommen hatten. Die beiden Boote brauchten für die Strecke vom Hafen zum Schiff ungefähr eine halbe Stunde. 113 Passagiere der dritten und sieben der zweiten Klasse gingen an Bord. 1385 Postsäcke wurden ebenfalls übernommen.

„Sechs Erwachsene der Gesellschaft von Mrs. Odell", unter ihnen Francis M. Browne, ein Priesterkandidat und Lehrer im Belvedere College, verließen das Schiff. Er war von Mrs. Odell eingeladen worden, an Bord des neuen Schiffs von Southampton nach Queenstown zu reisen. Als der 32jährige auf der Barkasse saß, hütete er einen Schatz von belichteten Fotoplatten.

Mr. E. Nichols und ein gewisser John Coffey verließen auch das Schiff. Der 24jähri-

Auch in Queenstown wurden die Passagiere mit Barkassen zur Titanic gebracht, die zu groß für den Hafen war. (Cork Examiner)

ge Coffey, eigentlich Feuerwehrmann auf der Titanic, hatte als Adresse 12 Sherbourne Terrace, Queenstown, angegeben. Die Vermutung liegt nahe, daß er nur angeheuert hatte, um kostenlos nach Hause zu kommen. Auf jeden Fall verließ er die Titanic versteckt unter leeren Postsäcken. Das letzte, was man von ihm hörte, war, daß er auf der Mauretania angeheuert hatte, als das Schiff, Richtung Westen unterwegs, am Sonntag, 14. April in Queenstown einen Halt einlegte. Wie er die Lücke in seinem Heuerbuch erklärte, ist nicht überliefert.

Coffey war nicht das einzige Mannschaftsmitglied mit einer Vorliebe für die grünen Hügel Irlands. Als die Passagiere von den Barkassen aus einschifften, stieg ein Mann aus den Kesselräumen durch den vierten Schornstein, der ja nur Attrappe war. Plötzlich schaute ein schwarzes Gesicht auf die blitzblank geputzen Decks herunter und flößte einigen Passagieren und Mannschaftsmitgliedern ganz gehörig Angst ein. Das Gesicht verschwand schnell wieder. Doch das Auftauchen des teuflisch wirkenden Kerls wurde - wieder einmal - als schlechtes Omen aufgenommen. Diejenigen, die jetzt darüber lachten, sollten dreieinhalb Tage später etwas nachdenklicher sein.

Die neuen Passagiere der zweiten und dritten Klasse bestiegen das Schiff durch den hinteren Eingang der zweiten Klasse im hinteren Teil des E-Decks. Die Drittklaßler wurden schnell zu ihren Räumlichkeiten komplimentiert, während die Passagiere der zweiten Klasse sich umschauen konnten.

Unter den Drittklaßlern waren Daniel Buckley, Katie Gilnagh, Eddie Ryan, Nora O'Leary, John Kennedy, Mary und Kate Murphy, Margaret Rose und ihre fünf Söhne

 _Titanic: Legende und Wahrheit_

Links: _Zum letzten Mal überwachten der vierte Offizier Boxhall (Mitte) und der zweite Offizier Lightoller das Einholen der Gangway._ (Cork Examiner)

Unten: _Die Titanic kurz vor dem Auslaufen Richtung Schicksal._ (Cork Examiner)

Albert, George, Eric, Arthur und Eugene (alle sollten ums Leben kommen), James Moran, Agnes, Alice und Bernrad McCoy, Eugene Daly . . .

Die Barkassen mit den Reisenden wurden von Booten begleitet, auf denen Händler ihre Waren anboten, zumeist Kleidungsstücke aus Tweed und Spitzenschals. Die Händler durften an Bord kommen, um ihre Waren dort anzubieten. Einem dieser Männer kaufte Oberst Astor aus einer Laune heraus einen Spitzenschal ab und bezahlte dafür 800 Dollar.

Zum letzten Mal ertönte die Titanic-Pfeife, um zur Weiterreise aufzufordern. Die Barkassen fuhren zum Hafen zurück, und auch die Händler drehten ab. Der Anker wurde an Bord gehievt. Nun flatterte die amerikanische Fahne vorne und gab die endgültige Richtung vor. Am Heck wehte die Fahne der britischen Marinereserve.

In der dritten Klasse gab der Passagier Eugene Daly dem Abschied eine eigene Note. Schon auf der Barkasse hatte er seinem Dudelsack irische Volkslieder entlockt. Nun, im

Moment des Abschieds von der grünen Insel, grüßte er seine Heimat mit dem traurigen Lied „Erin's Lament". Es war ein passender Abschied von seiner schönen Heimat, die er nie mehr wiedersehen sollte. Die großen Schrauben begannen sich nun immer schneller zu drehen.

Um den Lotsen abzusetzen, wurde die Fahrt noch einmal kurz verlangsamt, doch dann wurde die Turbine zugeschaltet und die grünen Hügel Irlands wurden immer kleiner, bis sie schließlich ganz verschwunden waren. Die Titanic hatte ihren endgültigen Kurs eingeschlagen - und der führte unabänderlich in den Untergang.

***

Der Winter des Jahres 1912 war einer der mildesten der vergangenen drei Jahrzehnte im Nordatlantik gewesen. Dadurch trieben große Eisfelder, Schollen und Eisberge viel weiter südlich als sonst üblich. Andererseits war der Winter aber hart genug, um ein Schmelzen des Eises durch den Golfstrom zu verhindern.

Aus den Gletschern Grönlands ergossen sich immer mehr Eisberge und Schollen in den Nordatlantik. Einige der eisigen Kreationen erinnerten an Berge oder große Gebäude. Einige ähnelten auch Schiffen.

Vier Fünftel eines Eisbergs verbergen sich unter Wasser. Je mehr von dem Berg schmilzt, desto ungünstiger wird der Schwerpunkt, bis sich das Gebilde schließlich dreht und ein ganz anderes Aussehen annimmt. Wenn das passiert, wird der Teil des Bergs, der über Wasser ragt, schwarz und dadurch nachts besonders schwer erkennbar.

Wenn die oberste Schicht des Berges schmilzt, nimmt er wieder seine weiße Farbe an. Dennoch ist es risikoreich, sich dem Berg zu nähern. Knapp unter der Wasseroberfläche verborgen ragt messerscharfes Eis empor, das leichtsinnig sich nähernde Schiffe wie Konservendosen aufschlitzen kann.

Die Schiffe (die meisten ohne Funk), die nach dem Untergang der Titanic ihre Häfen erreichten, berichteten, daß sie in der Woche des 7. April Eis gesichtet hatten. Nach diesen Beobachtungen gab es ein riesiges Eisfeld, das sich zwischen 46° N bis 41° 31' N und von 46° 18' W bis 50° 40' erstreckte, und sich im Laufe der Woche nach Süden beziehungsweise Westen bewegte.

Nach dem Stopp in Queenstown schlug die Titanic den üblichen Westkurs auf dem Nordatlantik ein. Am 15. Januar 1899 war eine Vereinbarung unter den führenden Reedereien in Kraft getreten, in der die Sommerroute (zwischen dem 15. Januar und 15. August) festlegt war:

> (Richtung Westen): „Vom Fastnet oder Bishop Rock auf dem Großen-Kreis-Kurs, aber nicht südlich, um den Meridian bei 47° West in der Breite 42° Nord. Dann entweder die Loxodrome oder Großen Kreis oder sogar Nord auf dem Großen Kreis. Wenn man auf eine Oststrümung trifft, eine Position südlich vom Nantucket Leuchtschiff ansteuern, wenn New York das Ziel ist. Oder das Leuchtschiff Five Fathom Bank South Light, wenn Philadelphia angesteuert wird."

Auf den ersten Blick wird deutlich, daß ein Kurs, der ein Schiff in die Gegend von 42° N, 47° W bringt, direkt in das Eisfeld hineinführt, das dort zwischen dem 7. und 12. April lag. Dennoch, trotz aller Funkdurchsagen sahen weder Kapitän Smith noch die Reederei einen Grund, den üblichen Kurs zu ändern.

Die Titanic war beständig unterwegs.

Von Donnerstag, 11. auf Freitag, 12. April	386 Meilen
Von Freitag, 12. April auf Samstag, 13, April	519 Meilen
Von Samstag, 13. April auf Sonntag, 14. April	546 Meilen

Während dieser Tage fehlte es nicht an Eiswarnungen von anderen Schiffen. Als die Titanic ihre Reise begann, hatte die Niagara gestoppt, um von Eis verursachte Schäden zu reparieren. Die Position war 44° 07' N, 50° 40' W. Sie bat die Carmania um Hilfe, die stoppte, bis feststand, daß keine Hilfe notwendig war.

Die President Lincoln, Corsican, Montrose, Lackawanna, Saint Laurent . . . alle hatten am 11./12. April gestoppt oder sich durch das Eis gekämpft.

Avala, California, East Point, Manitou hatten am 12. April Eiskontakte.

Borderer, Minnehaha, Hellig Olav: Eis am 13. April.

14. April . . . Trautenfels, Montcalm, Canada, Corinthian, Lindenfels, Memphian, Camapanello . . . berichteten von Eis, das direkt auf dem Kurs der Titanic lag.

***

Während sich die Titanic ihrem Schicksal näherte, verbrachten Passagiere und Besatzung ruhige Tage an Bord. Für die Reisenden gab es keine gesellschaftlichen Verpflichtungen oder organisierte Freizeitvergnügungen. Die Mannschaft ging den Routinearbeiten nach und freute sich, auf einem neuen und sauberen Schiff arbeiten zu können.

In der dritten Klasse konnten sich die Passagiere in einem Aufenthaltsraum im hinteren Teil des C-Decks treffen. Der helle Raum war mit Kiefernholz getäfelt, die Tische waren aus Teak gefertigt. Bequeme Bänke standen am Rand des Raums.

Für die Männer gab es einen eigenen Raucherzimmer neben dem Aufenthaltsraum. Er war mit Eichenholz getäfelt und ähnlich wie der große Saal möbliert. Daneben gab es auch eine Bar, wobei die Drittklaßler auch draußen auf dem D-Deck eine Bar aufsuchen konnten.

Die Aufenthaltsräume der zweiten Klasse befanden sich im hinteren Teil der Decks B und C. Die Ausstattung konnte es mit manchen Räumlichkeiten der ersten Klasse auf anderen Schiffen aufnehmen.

Der Raucherraum der zweiten Klasse war mit Eichenholz getäfelt, standen für die Männer voluminösen Ledermöbel bereit. Ein Deck tiefer befand sich die mit Platanenholz getäfelte Bibliothek der zweiten Klasse. Vor den Fenstern hingen Seidengardinen, und die Besucher konnten es sich in Mahagoni-Möbeln gemütlich machen.

Nach Westen, dem Schicksal entgegen _____ 93

Die Mahlzeiten wurden im großen Speisesaal im D-Deck an Mahagoni-Tischen eingenommen. Die Stühle waren mit rotem Leder bezogen. In dem Raum, dessen Boden mit Linoleum ausgelegt war, fanden 394 Passagiere Platz.

Die unterschiedlichen Preise für die erste und zweite Klasse erklärten sich neben der Größe und Ausstattung der Kabinen vor allen Dingen mit den zahlreichen Annehmlichkeiten, über die Reisende der ersten Klasse verfügen konnten. Dazu gehörten eine Turnhalle, ein Schwimmbad mit Sprungbrett, ein türkisches Bad mit arabischer Dekoration, eine Promenade und ein Palmenhaus, ein Rauchersalon, eine Lounge ganz oben auf dem A-Deck und ein entsprechend stilvoll möblierter Lese- und Schreibraum. Es gab nicht nur einen, sondern drei Aufzüge, mit denen die Passagiere ihre Kabinen erreichen konnten. Der Eßsaal der ersten Klasse war eine der größten Räumlichkeiten, die jemals auf See unterwegs gewesen waren. 532 Passagiere konnten an den Tischen (von zwei bis acht Personen) ihre Mahlzeiten einnehmen, wobei sich die Titanic wohltuend von anderen Schiffen unterschied, bei denen die Tische und Stühle auf engstem Raum festgeschraubt waren.

Die Eßzeiten gehörten zu den wenigen Reglements an Bord. Von 8.30 Uhr bis 10.30 Uhr gab es Frühstück, Mittagessen wurde zwischen 13 und 14.30 Uhr serviert. Das Abendessen schließlich gab es zwischen 18 und 19.30 Uhr - mitunter auch ein bißchen später. Das à la carte-Restaurant, daß kurz hinter dem vierten Schornstein auf dem B-Deck untergebracht war, arbeitete auf Rechnung von Luigi Gatti, der den Platz von der White Star Line gepachtet hatte. Das Restaurant mit 137 Plätzen war zwischen 20 und 23 Uhr für Passagiere der ersten Klasse mit besonderen Wünschen geöffnet.

Eine Annehmlichkeit, in deren Genuß Passagiere der ersten und zweiten Klasse kamen, war das Orchester. Acht talentierte Musiker, die sich bereits in anderen Schiffen, Restaurants und Tanzhallen bewährt hatten, wurden von dem 33jährigen Dirigenten Wallace Hartley angeführt. Der Geiger hatte sich seinen guten Ruf auf dem Cunard-Schiff Mauretania verdient.

Das Orchester teilte sich auf, um in beiden Klassen aufspielen zu können. Gekleidet in blauen Jacketts spielte ein Trio (bestehend aus Klavier, Geige und Viola oder Cello) in der zweiten Klasse, während die anderen Musiker in den verschiedenen Räumlichkeiten der ersten Klasse spielten. Die Musiker lieferten die musikalische Untermalung der Mahlzeiten oder spazierten spielend durch die einzelnen Räume. Jeder Musiker mußte die 352 Stücke aus der Titelsammlung der White Star Line auf Zuruf der Nummer spielen können.

Die Stunden an Bord vergingen schnell. Irgendwie war nie genug Zeit da, um die Dinge, die man sich am Morgen vorgenommen hatte, bis zum Abend zu erledigen. Beim Anbruch der Nacht suchten die Passagiere ihre Kabinen auf, wo man immer noch Verschiedenes erledigen oder einfach nachdenken konnte.

Oben auf der Brücke wurde der zweite Offizier Lightoller um 22 Uhr vom ersten Offizier Murdoch abgelöst. Lightoller machte noch eine Runde über das Schiff, um sich dann in seine Kabine auf der Backbordseite zurückzuziehen. Vielleicht dachte er vor dem Einschlafen noch einmal über die Fracht nach, deren Verstauung er überwacht hatte. Nichts von großem Wert, pharmazeutische Güter, Opium anstelle des vermuteten Goldes.

In seinem Büro auf der Steuerbordseite des C-Decks neben dem Eingang zur ersten Klasse saß der Purser Herbert W. McElroy und ging die Quittungen des Tages aus den Bars und dem Funkraum durch. Bevor er den Tresor verschloß, sah er noch einmal auf die Pakete, die man ihm anvertraut hatte.

„Nichts besonderes hier", murmelte er, „oder da", als er sich die Frachtunterlagen betrachtete. Ganz gewöhnliche Expressladung. Wenigstens würde das Entladen in New York nicht viel Zeit in Anspruch nehmen. McElroy faltete die Unterlagen, legte sie in den Tresor zurück und schloß die Tür. Nachdem er sein Büro verriegelt hatte, ging er in seine unmarkierte Kabine C53.

In einem kleinen Raum neben seinem Restaurant addierte Luigi Gatti die Quittungen des abgelaufenen Tages. Er dachte kurz an die Vorahnungen seiner Frau, die ihren Mann nicht auf diese Reise gehen lassen wollte, weil „sie ein seltsames Gefühl hatte". Er hatte ihre Ängste zerstreut. Ihm würde nichts passieren, schließlich sei er ein guter Schwimmer, der leicht das Land erreichen würde. „Du machst Dir zu viele Sorgen. Habe ich nicht im vergangenen Jahr die Kollision der Olympic ohne eine Schramme überlebt?" Gatti ging noch einmal in sein Restaurant, um seine Bediensteten, unter ihnen einige Cousins, ins Bett zu schicken. Danach suchte er seine Kabine auf, die zwischen der von Chefsteward Latimer und der vom zweiten Schiffsarzt J. Edward Simpson auf dem C-Deck lag.

Im Speisesaal der ersten Klasse hatten sich einige Männer zum Abendessen versammelt. Am Tisch saß unter anderem der britische Journalist William Thomas Stead, der in den USA auf Bitten von Präsident Taft bei einer Friedenskonferenz sprechen sollte. Stead war ein Spiritismus-Anhänger und an parapsychiologischen Phänomenen interessiert. Heute würde man ihn einen Geisterjäger nennen.

Im Jahre 1886 hatte er einen Artikel für die „Pall Mall Gazette" geschrieben, in dem er den Untergang eines Schiffs nach der Kollision mit einem anderen Schiff beschrieb. Viele Menschen waren dabei ums Leben gekommen, weil nicht ausreichend Rettungsboote zur Verfügung standen. 1892 verfaßte er einen langen Artikel für das Magazin „Review of Reviews" mit dem Titel „From the Old World to the New" (Von der alten in die neue Welt), in dem er eine Atlantiküberquerung mit der Majestic der White Star Line beschrieb. In seiner Geschichte hatte die Majestic Schiffbrüchige von einem anderen Schiff übernommen, das nach einem Zusammenstoß mit Eis gesunken war. Die Majestic selbst hatte einen südlichen Kurs gewählt. Stead war in den darauffolgenden Jahren immer wieder von den verschiedensten Medien vor einer Ozeanüberquerung gewarnt worden. Jetzt, im Frühling des Jahres 1912, machte er seine eigene Passage von der alten in die neue Welt an Bord eines White-Star-Liners, der von einem Mann befehligt wurde, der schon auf der Majestic Dienst geschoben hatte.

Nach Westen, dem Schicksal entgegen _____ 95

Während des Dinners am zweiten oder dritten Abend unterhielt Stead seine Gesellschaft mit Reiseerlebnissen und mystischen Geschichten. Fred Seward erinnerte sich
daran, daß Stead von einer ägyptischen Mumie berichtete, die ihren Besitzern Krank-
heit, Zerstörung und Tod bringen würde. Diese Mumie - tatsächlich ein Sarg für einen
Priester der Gottheit Amen-Ra - wurde damals gerade im britischen Museum in London
ausgestellt. Der Anblick des abgebildeten Mannes ließ viele Betrachter glauben, daß er
vor seinem Tod schreckliche Qualen erlitten haben mußte.

Diese Geschichte machte zweifellos Eindruck. Seward wiederholte am 19. April in
einem Interview mit der „New York World" diese Geschichte, die sich daraufhin ver-
selbständigte und zu einer echten Mumie an Bord der Titanic wurde, deren Fluch das
Schiff auf den Meeresboden geschickt habe.

Die Geschichte hatte dann noch eine Fortsetzung: Angeblich hatte der Besitzer eine
riesige Bestechungssumme gezahlt, um die Mumie mit an Bord des Rettungsbootes
nehmen zu können. Auch die Mannschaft der Carpathia sei geschmiert worden, damit
die Mumie schließlich nach New York geschmuggelt werden konnte. Doch dann habe
es derartige Verwüstungen in der Sammlung des reichen Amerikaners gegeben, daß sie
wieder nach London gebracht worden sei. Am 28. Mai 1914 sei sie in Kanada der
Empress of Ireland anvertraut worden . . .

Die ganze Geschichte ist das Ergebnis der Hysterie, die nach dem Untergang herrschte. Aber weil sie mit einem seriösen Journalisten verbunden ist, der an spirituelle
Dinge glaubte, schrieb man ihr von Anfang an einige Glaubwürdigkeit zu.

Eine Mumie mit vor Schrecken geöffneten Augen ist noch immer im Besitz des britischen Museums. Sie trägt die Nummer 22542.

Die Nacht auf der Titanic dauerte an.

In ihrer Kabine saß Esther Hart, strickte „und paßte auf das Schiff auf", wie ihr Mann
und ihre Tochter es nannten. Nach einem Tag voller Expeditionen schliefen die beiden
tief und fest.

In der Kabine E101 unterhielt sich Miss E. Celia Troutt (die spätere Edwina
MacKenzie) mit ihren Kabinenkolleginnen Nora Keane und Susie Webber. Bevor sie
sich zurückzog, berichtete Nora von einer Unterhaltung, die sie mit Nellie Hocking aus
Cornwall gehabt hatte. Nellie erzählte, sie habe einen Hahn krähen hören, was nach
der Folklore Cornwalls ein Signal für eine baldige Katastrophe war.

Nellies Kabinengefährtinnen hätten ebenfalls leicht einen Hahn krähen hören können. Unter den Dingen, die Mrs. J. Stuart White nach dem Untergang als vermißt
anführte, waren auch Hähne und Hennen der Chasse ile rage, Jardin d'Agriculture, mit
einem Wert von 205,87 Dollar.

Das Geflügel war, deutlich gekennzeichnet, um nicht im Kochtopf zu landen, in der
Nähe der Hundezwinger im F-Deck untergebracht. Und natürlich hatten die Hähne das
eine oder andere Mal gekräht, was sich in den unteren Decks gut vernehmen ließ.

Auf dem G-Deck, nahe am Bug auf der Steuerbordseite, hatten die fünf Postbeamten
ihre Sortierarbeit beendet. Die drei Amerikaner, William Logan Gwinn, John Starr March

und Oscar Scott Woody, hatten zusammen mit ihren britischen Kollegen James Betram Williamson und John Richard Jago Smith hart gearbeitet. Sie freuten sich nun auf ihren Feierabend in ihrem „Salon" mittschiffs auf dem C-Deck, den sie sich mit den beiden Funkern teilten.

Gwinn hatte eigentlich an Bord der Philadelphia arbeiten sollen, doch weil es seiner Frau nicht gut ging, um eine frühere Passage gebeten. Und die fand er auf der Titanic. Woody freute sich auf seinen 44. Geburtstag am 15. April. Seine Kollegen wollten für ihn eine kleine Party steigen lassen. . .

Es war eine Routinenacht auf der Titanic, so wie sie auch auf anderen Schiffen ablief. Bald sollte die Sonne aufgehen, ein neuer Tag anbrechen, der dann von einer weiteren Routinenacht abgelöst werden würde.

Doch die Titanic sollte den Morgen des 15. April nicht mehr erleben. Die modernste Schiffskonstruktion der Menschheit sollte dem Kontakt mit einer der gewaltigsten Schöpfungen der Natur nicht widerstehen. Innerhalb von zwei Stunden und vierzig Minuten sank sie auf den Boden des Ozeans.

Die Trauer nach dem Verlust der Titanic hat nie aufgehört. Sofort nach der Katastrophe machte man sich daran, die Leichen der Opfer zu bergen. Doch schnell wurde deutlich, daß die See die meisten Opfer nicht zurückgeben würde.

Das Schwimmbad.

Das Türkische Bad in der ersten Klasse.

Oben: *Speisesaal der ersten Klasse.* **Unten:** *Lese- und Schreibsalon der ersten Klasse.*

Unten: *Das À-la-carte-Restaurant der ersten Klasse.*

Typische Kabine der zweiten Klasse.

Speisesaal der zweiten Klasse.

Nautile kommt nach einem Tauchgang am 17. Juni 1993 an Bord der Nadir.
(Dick Barton/1993 RMS Titanic Inc.)

Der Telegraph der Titanic im starken Licht der Nautile. (RMS Titanic Inc.)

Kabel vom Vormast hängen über die vorderen Ladeluke. (Autor/1993 RMS Titanic Inc.)

Gitter zwischen zwei Ladeluken. (1993 RMS Titanic Inc.)

Völlig unversehrt erreichte das Porzellan den Meeresboden. (1987 Ifremer/RMS Titanic Inc.)

Geschirr aus der Küche der Titanic. (1987 RMS Titanic Inc.)

Die Glocke der Titanic. (Robert M. DiSogra)

Die „Stimme" der Titanic: die dreistufige Pfeife nach ihrer Ankunft in Norfolk, Virginia, im Juli 1993.

Oben: *In einem französischen Labor wird diese Putte mittels Elektrolyse von den Attacken der Natur befreit. Die Figur hielt einst eine Lampe am Anfang der Freitreppe auf dem A-Deck.* (1987 Electricitè de France/RMS Titanic Inc.)

Links: *Zu den in London ausgestellten Stücken gehörten Flaschen, ein vergoldeter Leuchter und Porzellan.* (Robert M. DiSogra Sogar)

Sieben

Stadt der Trauer

Wenige Stunden nach dem Untergang der Titanic erlebte Kanada eine Sonnenfinsternis - „die großartigste in den vergangenen 53 Jahren", wie die Zeitungen in Halifax, Nova Scotia meldeten. Für nicht wenige Zeitgenossen war dies ein symbolträchtiges Ereignis angesichts des Untergangs des Ozeanriesens. Die Carpathia dampfte noch mit den Überlebenden an Bord in Richtung New York, als die Verantwortlichen der White Star Line in Halifax mit den weiteren notwendigen Vorbereitungen begannen. Sie betrafen auch die Passagiere und Besatzung der Titanic, waren aber längst nicht so fröhlich wie die an Pier 54 in New York.

Am 15. April hatten die Besitzer des Schiffs mit Versuchen begonnen, die Opfer der Tragödie zu bergen. Die Agentur der Reederei in Halifax, A. G. Jones and Company, charterte den Kabelleger Mackay-Bennett der Commercial Cable Company, um die Gewässer nach Leichen abzusuchen. John Snow and Company Ltd., das größte Begräbnisinstitut der Provinz, wurde mit den Formalitäten beauftragt. Mehr als 40 Spezialisten erklärten sich bereit, dem Unternehmen bei seiner traurigen Arbeit zu helfen.

Am 17. April, einem Mittwoch, waren die notwendigen Dinge - Tonnen von Eis, Geräte zum Einbalsamieren und mehr als 100 Särge - an Bord der Mackay-Bennett. Die

Ein Sarg wird in Halifax auf das Suchschiff Mackay-Bennett geladen. (Philadelphia Inquirer)

Die Mackay-Bennett hatte auch Tonnen von Eis geladen. (Halifax Morning Chronicle)

Freiwilligen, die unter dem Kommando von Kapitän F. H. Lardner standen, bekamen für ihre unangenehme Aufgabe doppeltes Gehalt. Mittags verließ das Schiff den Hafen von Halifax.

Die meisten anderen Schiffe machten um den Unglücksort einen großen Bogen. Welcher Kapitän wollte seinen Passagieren schon den Ausblick auf Wrackteile und Leichen in Schwimmwesten bieten. „Am besten man hält die Lebenden von den Toten fern", dachten sie und handelten entsprechend.

Andere Kapitäne wurden zu Zensoren und verschwiegen die Katastrophe. So Kapitän Nelson der Volturno der Uranium-Linie, der von seinem Funker von dem Untergang erfahren hatte. Nur sie beide durften davon wissen. Nicht einmal die Offiziere wurden informiert. 18 Monate später stand die Volturno selbst in den Nachrichten, als sie von einem Feuer zerstört wurde.

Der wichtigste Grund für das Ausweichen der Schiffe lag aber daran, daß man nun endlich auf die Eisgefahr reagierte. Dennoch fuhren einige Schiffe durch die Gegend des Unglücks, und die Funkberichte dieser Schiffe dirigierten nun die Mackay-Bennett. Die Rhein vom Norddeutschen Lloyd meldete Körper und Wrackteile in der Breite 42.01 N 49.13 W. Die Bremen berichtete von mehr als 100 Leichen auf der Breite 42.00 N und Länge 49.20 W.

Eine Passagierin der Bremen, Johanna Stunke, später zu einer Zeitung: „Wir sahen eine Frau, nur mit einem Nachthemd bekleidet, die ihr Baby an die Brust hielt. Daneben eine Frau mit ihrem Hund in den Armen . . . Wir sahen die Körper von drei Männern, die sich an einen Stuhl klammerten. An uns vorbei glitt eine Gruppe von zwölf Männern in Schwimmwesten, die sich im Überlebenskampf umklammert hielten." Im Norden ein Eisberg und davor Deckstühle und andere Wrackteile.

Stadt der Trauer _____ 99

Die Mackay-Bennett erreichte ihren Einsatzort gegen 20 Uhr am Samstag, 20. April. Am folgenden Morgen begannen die Bergungsarbeiten. Die Boote des Kabellegers wurden aufs Wasser gesetzt, um 51 Leichen aus der stürmischen See zu bergen. An Bord wurde jede Leiche mit einem numerierten Stück Segeltuch markiert. Die persönlichen Dinge kamen in einen mit der gleichen Nummer gekennzeichneten Sack, die Leichen wurden vermessen und genau beschrieben. Gleichzeitig wurde eine genaue Aufstellung der Wertsachen erstellt.

Nach fast einer Woche im Meer waren viele Leichen in einem schlechten Zustand. Viele waren beim Untergang verletzt worden, und auch allerlei Getier hatte seine Spuren hinterlassen. Um 20.15 Uhr wurde an Bord des Schiffes eine kurze Begräbniszeremonie abgehalten. 24 Leichen, in Segeltuch eingewickelt, bekamen ein Seebegräbnis. Die anderen wurden für den Transport nach Halifax vorbereitet.

Der vierte aufgefundene Körper trieb sogar den hartgesottenen Männern der Mackay-Bennett die Tränen in die Augen. Der Junge war ungefähr zwei Jahre alt und lag zwischen allerlei Wrackteilen. Sein Eintrag war kurz und bündig: „Keine Identifikation. Kein Besitz." Das einzige bei der Suchaktion gefundene Kind wurde ebenfalls für den Transport nach Halifax vorbereitet. Die Namen der Identifizierten wurden sofort nach Halifax gefunkt.

Bald war die Mission der Mackay-Bennett bekannt, und es fehlte nicht an Meldungen über Leichen, Eisberge und Wrackteile. Die verschiedenen Teile des Schiffs bedeckten eine große Fläche. Darunter befanden sich, so die Funksprüche, „Schrankteile, Stühle, Sekretäre, Hocker, Schlafzimmermöbel, Türe und Holzteile vom Deck."

Am 23. April hatte die Mackay-Bennett 80 Leichen an Bord. In der Zwischenzeit war sie mit zusätzlichem Segeltuch und Leinen versorgt worden. Am folgenden Tag herrschte dichter Nebel. Dennoch begannen die Bergungsarbeiten um 4.30 Uhr und dauerten 14 Stunden. 87 weitere Leichen wurden gefunden und erfaßt.

Nachdem er feststellen mußte, daß sein Schiff an die Grenze seiner Kapazität erreicht hatte, forderte Kapitän Lardner Hilfe vom New Yorker Büro der White Star Line an. Am 21. April charterte das Unternehmen daraufhin den Kabelleger Minia der Anglo-American Telegraph Company Ltd.. Ein Mangel an Särgen verzögerte die Abreise, doch am 22. April um Mitternacht nahm das Schiff, mit allem Notwendigen ausgerüstet, Kurs auf de Mackay-Bennett. Am 26. April um 6.15 Uhr begannen die Schiffe mit der gemeinsamen Suche nach weiteren Leichen. Bis Mittag wurden 14 Körper gefunden, die auf der Mackay-Bennett untergebracht wurden, wo es nun aber keinen Platz mehr gab. Ihre Mannschaft hatte 306 Leichen gefunden, von denen 116 auf See bestattet worden waren. Mit 190 Leichen an Bord erreichte das Schiff Halifax. 100 waren in den Särgen, der Rest in Segeltuchhüllen untergebracht.

Die Minia setzte die Suche fort. Das Wetter blieb schlecht, und nachdem 17 weitere Opfer gefunden worden waren, teilte Kapitän W. G. S. DeCarteret der White Star Line mit, daß die Stürme Leichen in den Golfstrom getrieben hätten. 15 der gefundenen Körper wurden am. 6. Mai nach Hailfax gebracht - unter ihnen auch Charles M. Hays,

Mit 190 Opfern kehrte das Schiff nach Halifax zurück. (Harper's)

Präsident der Grand Trunk Railway. Als die Minia die Gegend verließ, wurde ein weiteres Suchboot, die Montmagny, vom kanadischen Marineministerium in Gang gesetzt, die den Hafen von Sorel, Quebec, am 3. Mai verließ.

Am 30. April machte die Mackay-Bennett im Hafen von Halifax fest. Unter den wachsamen Augen von 20 Seeleuten des kanadischen Kreuzers Niobe wurden die Opfer an Land gebracht. Die Betonmauern um die Docks waren ein wirksamer Sichtschutz vor neugierigen Presseleuten. Ein vorwitziger Journalist, der ein Foto machen wollte, sah sich auf Befehl des Polizeichefs von Halifax seiner Kamera beraubt.

Die ersten Leichen, die an Land kamen, waren die am Vorderdeck untergebrachten Leichen (zumeist Besatzungsmitglieder), die nicht weiter einbalsamiert werden konnten. Dann kamen die Passagiere der zweiten und dritten Klasse, deren sterbliche Überreste in Segeltuch lagen. Danach die Leichen der Passagiere aus der ersten Klasse, alle einbalsamiert, identifiziert und in Holzsärgen.

Als die letzten Opfer in Sargwagen den Hafen verlassen hatten, erklärte sich Kapitän Lardner widerstrebend zu Interviews bereit. Die Sitzung in der engen Kabine kam jedoch zu einem abrupten Ende, als ein Tisch zusammenbrach und Lardner die Konferenz für beendet erklärte.

Ein Reporter entschied sich, das Ereignis an Bord der Titanic zu verlegen und schrieb, daß der Tisch vor dem Auslaufen während eines Empfangs in Southampton zusammengebrochen sei. „Davon wurde viel geredet, weil man hoffte, daß nach dem Verlassen des Hafens kein Unfall passieren würde", hieß es in seinem Bericht. Weil noch viel Arbeit zu erledigen war, waren in Southampton allerdings in Wirklichkeit weder Besucher noch Presse erlaubt gewesen.

Mit dem Festmachen der Mackay-Bennett kamen die von den Behörden in Halifax

Die einbalsamierten Überreste der Passagiere aus der ersten Klasse waren in Särgen auf dem Heck gelagert. (Harper's)

geplanten Maßnahmen in Gang, die genau den Vorschriften der Stadt entsprachen. Der Mayflower Curling Rink in der Agricola Street wurde zum Leichenschauhaus umfunktioniert. 67 Kojen wurden gebaut, in denen jeweils drei Särge Platz fanden. Nach dem Einbalsamieren wurden die Särge in die Kojen gebracht, wo Angehörige, Bekannte oder Freunde eine Identifikation versuchen konnten. Nur diejenigen, die sich entsprechend ausweisen konnten, wurden vorgelassen. Die Toten blieben zwei Wochen lang hier. Wo die Gesichter noch zu erkennen waren, dienten Fotos als zusätzliche Identifizierungshilfen.

In der zweiten Etage des Curling-Rinks war der Leichenbeschauer untergebracht, der die notwendigen Bescheinigungen ausstellen mußte. Neben den üblichen Angaben über Name, Geschlecht, Alter, Geburtstag, Adresse und Beruf wurde als Todesursache „ertrunken beim Untergang von SS Titanic" bescheinigt. Wertsachen der Verstorbenen wurden hier in Verwahrung genommen.

Opfer Nummer 124, John Jacob Astor, wurde als erster beansprucht und freigegeben. Seine Identifikation war relativ leichtgefallen. Er trug einen blauen Anzug, hatte ein blaues Taschentuch mit den Initialen „A.V.", einen Gürtel mit einer goldenen Schnalle, trug braune Stiefel mit roten Gummisohlen und ein braunes Flanellhemd mit den Initialen J.J.A. im Kragen. Zu den Wertsachen gehörten eine goldene Uhr, goldene Manschettenknöpfe mit Diamanten, ein Brillantring mit drei Steinen, 225 britische Pfund, 2440 Dollar, fünf Pfund in Goldmünzen, sieben Schilling in Silber, 50 Francs, ein goldener Stift und ein Scheckheft.

Die nicht von Verwandten beanspruchten Opfer wurden ihrer Religion entsprechend (dabei mußten die Verantwortlichen mitunter einfach raten) auf einem der drei Friedhöfe der Stadt beerdigt. Der Fairview-Friedhof war konfessionell ungebunden, der

Links: *Vincent Astor (rechts) auf dem Weg zur Identifizierung seines Vaters, John Jacob Astor.* (Harper's)

Unten: *Auf dem Friedhof Fairview in Halifax wurden 121 Opfer beigesetzt.*

in der Nachbarschaft gelegene Baron-de-Hirsch-Friedhof war den Juden und der Mount Olivet Friedhof den Katholiken vorbehalten.

Dabei kam es natürlich zu Fehlern. Michel Navratil, ein Katholik aus Frankreich, war unter dem Namen „Hoffmann" zusammen mit seinen beiden Söhnen an Bord der Titanic gewesen. Nachdem seine von ihm getrennt lebende Ehefrau die Leiche nicht be-

Stadt der Trauer

In sanft geschwungenen Reihen liegen die Gräber der Titanic-Opfer. (Autoren-Archiv)

anspruchte, wurde er unter dem falschen Namen auf dem jüdischen Friedhof beerdigt.

Rabbi Walter Jacob entschied auch willkürlich, daß zehn für Fairview vorgesehene Opfer eigentlich auf seinen Friedhof gehörten. Während der Gottesdienste in der Stadt ließ er die zehn auf seinen Friedhof bringen. Verantwortliche von White Star und der Stadt erfuhren von der Maßnahme und stellten fest, daß es sich bei vier Opfern um Katholiken handelte und die anderen den Wünschen der Familien entsprechend beigesetzt werden sollten. Die „Halifax Evening News" berichteten, daß „einige der Särge bereits ziemlich beschädigt waren und daß jemand für neue bezahlen muß." Die Verantwortung für die finanziellen Transaktionen ist nicht bekannt. Die Verlegungen der Särge wurde jedenfalls erst einmal gestoppt.

Die Begräbnisse begannen am Freitag, 3. Mai, auf allen drei Friedhöfen. In Fairview waren lange Grabreihen ausgehoben worden, in die 50 Särge gelegt wurden. In Mount Olivet und Baron de Hirsch waren individuelle Gräber ausgehoben worden. Am Samstag gab es eine Beerdigung, die Halifax ganz besonders rühren sollte. Der kleine, scheinbar vergessene Junge wurde, nachdem alle Versuche, seine Identität zu ermitteln, fehlgeschlagen waren, zu seiner letzten Ruhe gebettet.

Sein Schicksal hatte so viele Menschen gerührt, daß White Star und die Stadt mit Angeboten, die Kosten für das Begräbnis übernehmen zu dürfen, überschwemmt wurden. Man ging dann aber auf den Vorschlag von Kapitän Lardner ein, daß die Männer, die ihn in der See entdeckt hatten, die Verantwortung für die Beisetzung übernehmen durften.

St. George, die anglikanische Kirche der Stadt, war mit Trauernden und Blumen überfüllt. Nach dem Gottesdienst wurde der kleine weiße Sarg des Jungen auf den Schultern von sechs Besatzungsmitgliedern der Mackay-Bennett aus der Kirche getragen. Auf dem Fairview Friedhof wurde er in einem Grab auf einem Hügel beigesetzt. Kapitän Lardner und seine Männer bezahlten einen Granitblock mit der Inschrift: „Errichtet für die

Die traurige Geschichte der Paulson-Familie spiegelt ihr Grabstein wieder. Angeblich liegt Gosta Leonard Paulson nur wenige Meter entfernt begraben. (Autoren-Archiv)

Erinnerung an ein unbekanntes Kind, dessen sterbliche Überreste nach der Katastrophe der Titanic am 15. April 1912 gefunden wurden."

Später wurde das Kind mit allen Vorbehalten als der zweijährige Gosta Leonard Paulson identifiziert, der zusammen mit seiner Mutter und seinen Schwestern und Brüdern in Southampton an Bord gegangen war. Sein Grab liegt nur wenige Meter von dem seiner Mutter Alma Paulson entfernt. Seine Schwestern und Brüder wurden nie gefunden.

In der Zwischenzeit war die Montmagny bei ihrer Suche nicht sehr erfolgreich. Ein dichter Nebel lag über dem Suchgebiet. Nur vier Opfer wurden geborgen. Am Freitag, 10. Mai, wurde der Passagier Harold Reynolds, später ein syrisches 15jähriges Mädchen und dann C. Smith, ein Steward, gefunden. Einen Tag später entdeckte die Mannschaft noch die Leiche eines Besatzungsmitglieds, das ein Seebegräbnis bekam. Dabei begann plötzlich die Glocke - von einer Böe aktiviert - zu läuten.

Am Montag, 13. Mai, lud die Montmagny die drei Leichen in Louisburg, Nova Scotia, aus, von wo sie nach Halifax gebracht wurden. Das Schiff stach wieder in See, um die Suche fortzusetzen. Doch außer einigen hölzernen Wrackteilen wurde nichts mehr gefunden, und nachdem die Montmagny den Golfstrom am 19. Mai erreicht hatte, brach sie die Suche ab.

Die White Star Line unternahm noch einen letzten Versuch, um weitere Opfer zu finden. Am 14. Mai charterte die Reederei die Algerine der Bowring Brothers, die einen Tag später den Hafen von St. John's, Neufundland, verließ. Eine weitere Leiche, die von

Der Geiger der Titanic wurde als Opfer 193 begraben.
(Autoren-Archiv)

Steward James McGrady, wurde entdeckt. Das letzte gefundene Opfer. Die vier an den Suchaktionen beteiligten Schiffe hatten innerhalb von sechs Wochen 328 Leichen entdeckt, von denen 119 ein Seebegräbnis bekamen. Von den 209 nach Halifax gebrachten Opfern wurden 59 von den Angehörigen beansprucht und 150 auf den Friedhöfen der Stadt beigesetzt. Von den 328 gefundenen Opfern blieben 128 unidentifiziert.

Bald wurden graue Grabsteine aus Granit über den Gräbern errichtet. Die meisten waren in Größe und Form identisch. Auf ihnen sind die Namen (soweit bekannt), die Worte „Died April 15, 1912" und die Registriernummern eingraviert. In vielen Fällen wurde der Name nie eingetragen.

Die Reise, die in Southampton, Cherbourg oder Queenstown so hoffnungsvoll und fröhlich begonnen hatte, endete für diese Menschen auf einem Friedhof der kanadischen Stadt Halifax.

Für 1314 Menschen blieb die See das Grab.

Acht

Fragen, Antworten, Fragen

An der Tatsache, daß sich eine Katastrophe ereignet hatte, gab es ebenso wenig zu rütteln wie an der Tatsache, daß irgend jemand zur Verantwortung gezogen werden mußte. Gar nicht zu reden von Haftungsfragen. Es mußte also eine offizielle Untersuchung geben.

Die Titanic war zwar ein britisches Schiff, ihr Besitzer war aber ein amerikanischer Konzern. Sie war zwar in internationalen Gewässern untergegangen, hatte aber als Ziel New York, was in den Augen des US-Justizministers ausreichte, eine Untersuchung in den USA zu veranlassen. Daher wurde ein Kongreß-Untersuchungsausschuß eingerichtet, der die einzelnen Zeugen vorladen durfte.

William Alden Smith, ein Republikaner aus Michigan und Mitglied des Senats-Komitees für wirtschaftliche Fragen, übernahm den Vorsitz des Unterausschusses, der die Ursachen für den Untergang der Titanic erforschen sollte.

Smith stellte seine Mannschaft zusammen, wobei es vielen seiner Kollegen aber an maritimem Wissen mangelte. Smith stellte aber ohnehin die meisten Fragen, wobei er

Der Senator von Michigan, William Alden Smith, leitete die amerikanische Untersuchung des Untergangs. (Library of Congress)

mitunter sehr korrekt, manchmal aber sehr nachlässig vorging. Smith war ein Feind des Morgan-Imperiums, zu dem die International Mercantile Marine gehörte, der wiederum die White Star Line gehörte. Dennoch blieb der Ausschußvorsitzende während der gesamten Untersuchung äußerst objektiv.

Das Harter-Gesetz aus dem Jahr 1898 erlaubte es den Opfern von Schiffskatastrophen, den Besitzer des Schiffs zu verklagen, wenn an Bord fahrlässig gehandelt wurde und der Eigner davon Kenntnis hatte. Senator Smith hoffte, dies nachweisen zu können, um so den amerikanischen Passagieren die Möglichkeit einer Klage gegen die

Oben: *Guglielmo Marconi, der Erfinder des drahtlosen Funks, hört den Funker der Titanic, Harold Bride (rechts unten), bei dessen Aussage in Washington zu.* (Philadelphia Inquirer)

Rechts: *Der Anwalt der White Star Line, Charles C. Burlingham (Mitte), begleitet J. Bruce Ismay (rechts) zu einer weiteren Befragung durch Senator Smith.* (Privat)

Besatzungsmitglieder warten auf ihren Auftritt bei der Untersuchung in New York.
(New York Times)

Besitzer der Titanic zu eröffnen. Mit diesem Ziel befragte er die einzelnen Zeugen bis zur absoluten Erschöpfung.

Vielleicht weil Smith einen Staat aus dem Mittleren Westen repräsentierte und keinen aus Neuengland oder weil die amerikanische Presse sich den britischen Kollegen anpaßte, wurde das Recht von Smith und damit das des amerikanischen Senats, diese Anhörung vorzunehmen, immer wieder angezweifelt. Vielleicht standen hinter diesen Zweifeln an seiner Kompetenz auch die mächtigen Interessen der Morgans. Möglicherweise lag der Grund aber auch bei Smith selbst, der auf eine sehr direkte Art und Weise nach der Wahrheit suchte. Auf jeden Fall war Smith schnell als Narr gebrandmarkt, und die amerikanische Presse machte sich über seine ehrlichen Versuche lustig.

Smith war jedoch alles andere als ein Narr. Er war Anwalt, hatte Eisenbahnlinien gebaut und verwaltet, besaß eine mittelgroße Zeitung und saß im Aufsichtsrat (später übernahm er den Vorstandsvorsitz) einer Reederei, die Schiffe auf dem Michigan-See besaß. Seine physische und mentale Stärke sowie sein Hintergrund qualifizierten ihn für den Vorsitz im Titanic-Ausschuß.

Am 28. Mai 1912 präsentierte er dem US-Senat das Ergebnis seines Komitees:

> „Wir verhörten 82 Zeugen, die von den verschiedenen Stadien der Katastrophe berichteten, darunter 53 Briten und 29 amerikanische Bürger. Zwei Offiziere der

Fragen, Antworten, Fragen ————————————————————————————— *109*

International Mercantile Marine, alle vier überlebenden Offiziere und 34 Besatzungsmitglieder wurden zusätzlich verhört. Wir hörten die Aussagen von 21 Passagieren und 23 weiteren Zeugen. Wir veranstalteten unsere Sitzungen in New York und Washington."

Zwischen dem 19. April und 25. Mai wurden die Zeugen an 17 Tagen verhört. Die Aussagen füllten 1145 Seiten - der Report von Smith an den Senat umfaßte 19 Seiten. Die Dokumente füllten weitere 44 Seiten. Insgesamt hatte die Untersuchung 6600 Dollar gekostet.

Der Report hob Kapitän Rostron und seine heldenhafte Eile, die Passagiere der Titanic zu retten, ganz besonders hervor. Ebenfalls einen prominenten Platz in seinem Bericht nahmen aber die Unzulänglichkeiten in den Bereichen Funk vor, während und nach der Katastrophe ein. Mit besonders deutlich verurteilenden Worten wurde Kapitän Stanley Lord der Californian bedacht, dem das Versagen, auf die Signale der Titanic zu antworten, vorgeworfen wurde. Diese Beurteilung belastete ihn bis zu seinem Lebensende.

Smith hatte zwar wenige aber dafür weitreichende Verbesserungsvorschläge:

Rettungsboote: Jeder Passagier sollte in Zukunft einen sicheren Platz haben, einschließlich seemännischer Besatzung der Boote. Weiterhin sollten Rettungsübungen für die Besatzung und Passagiere durchgeführt werden.

Funk: Gefordert wurden 24 Stunden besetzte Funkanlagen und Maßnahmen gegen Störungen durch Amateure, ausreichende Hilfsstromaggregate, Geheimhaltung der Mitteilungen.

Der amerikanische Kongreß brauchte nur kurze Zeit, um diese Vorschläge in Gesetzestexte umzuwandeln.

Am Samstag, 20. Mai, bereitete das Linienschiff Lapland der Red Star Line, auf dem die Besatzung der Titanic seit ihrer Ankunft in New York untergebracht war, seine Abreise nach England vor. Kurz vor dem Ablegen um zehn Uhr überbrachten Bundesbeamte Vorladungen für 29 Besatzungsmitglieder, die vor dem Senats-Ausschuß aussagen sollten. Die Lapland hatte gerade die Freiheitsstatue passiert, als man feststellte, daß man vergessen hatte, fünf weitere Besatzungsmitglieder vorzuladen.

Senator Smith rief in aller Eile bei der Marinemeldestelle in Brooklyn an, die das Schiff per Funk auf die Ankunft von Bundesbeamten vorbereitete, die dem Schiff per Schlepper hinterherfuhren. Sie hatten Erfolg. Die fünf Titanic-Männer gingen mit an Land.

Bruce Ismay wollte die Titanic-Mannschaft so schnell wie möglich nach England zurückholen. Die Carpathia war noch mit den Überlebenden nach New York unterwegs, da hatte er schon die Cedric, die New York verlassen wollte, aufgehalten, um Mannschaftsmitglieder aufzunehmen. Ismays Absicht wurde zumeist mißverstanden. Ihm ging es nicht darum, Verhöre seiner Mannschaft vor einem amerikanischen Untersuchungsausschuß zu verhindern. Tatsächlich ging es Ismay darum, seine Männer

Die Mannschaft auf dem Leyland-Schiff Lapland bei der Ankunft in Plymouth am 29. April 1912.
(Daily Sketch)

so schnell wie möglich zu ihren Familien zurückzubringen. Außerdem besaßen sie nichts als ihre Kleidung auf der Haut, und ihre Bezahlung war mit dem Untergang der Titanic eingestellt worden. Daher dachte Ismay, im besten Interesse der Besatzung zu handeln.

Philip A. S. Franklin, der amerikanische Vizepräsident der International Mercantile Marine, erfuhr von der Untersuchung, die Smith einleiten wollte, und überzeugte Ismay davon, seine Leute nicht nach England zurückkehren zu lassen. Um eine negative Stimmung in der Öffentlichkeit zu verhindern, und juristischen Problemen aus dem Weg zu gehen, mußte Ismay zustimmen und abwarten, bis Smith ihn gehen ließ.

In New York blieben die vorgeladenen vier Offiziere und 34 „gemeine" Besatzungsmitglieder. An Bord der Lapland warteten 167 Überlebende auf das Wiedersehen mit Freunden und Familie. Nach einer ereignislosen Überfahrt trafen sie in Plymouth kurz nach sieben Uhr am 29. April ein. Nach ewig langem Warten - zuerst mußten die Fracht, Post und die anderen Passagiere von Bord - wurden die Titanic-Männer auf der Barkasse Sir Richard Grenville an Land gebracht.

Als die Barkasse sich langsam der Pier näherte, bereiteten die Mitglieder der Aufsichtsbehörde bereits die Verhöre vor. Vertretern der Gewerkschaften war es nicht gestattet worden, an Bord zu kommen, daher rieten sie den Männern über Megaphon, keine Aussagen zu machen, bevor sie nicht mit der Gewerkschaft geredet hatten.

Die Mannschaftsmitglieder dachten, sofort nach ihrer Ankunft ihre Angehörigen in die Arme nehmen zu können. Die Aufsichtsbehörde sah dies jedoch anders und wollte jeden vernehmen, bevor er nach Hause gehen konnte. Daher hatte man Betten in dem Warteraum der dritten Klasse aufgestellt und die Gegend mit einem hohen Zaun

Ein Zaun trennte in Plymouth die Besatzungsmitglieder von der Presse, Angehörigen und Neugierigen. (Lloyd's Deathles Story)

abgeschirmt. Freunde und Familienmitglieder warteten draußen, während die Mannschaft vernommen wurde.

Der öffentliche Druck und vielleicht auch menschliche Überlegungen führten jedoch dazu, daß 85 Überlebende gegen 13.30 Uhr freigelassen wurden, nachdem sie geschworen hatten, mit keinem Reporter zu reden. Die Köche, Stewardessen und Stewards blieben in Plymouth. Der Rest verließ die Stadt gegen 18 Uhr mit einem Sonderzug.

In Southampton fand an jenem Tag ein Gottesdienst im Freien statt, an dem neben Vertretern der verschiedenen Waffengattungen auch 50 000 Zivillisten teilnahmen. Wie am 19. April in St. Paul's in London wurden Gebete für die Toten und Überlebenden gesprochen.

Am Abend machten sich Freunde und Familienmitglieder zum Bahnhof der Stadt auf, wo der Zug aus Plymouth 45 Minuten zu früh eintraf und mit Freudenrufen begrüßt wurde. Die Mannschaftsmitglieder mußten sich durch die Menge kämpfen, um ihre Angehörigen begrüßen zu können. Und inmitten der schiebenden Menschenmasse versuchten Reporter, die Szene auf ein Foto zu bannen.

Die Jubelrufe verstummten allerdings für einen Moment, als man erkannte, daß viele Menschen vergeblich gekommen waren, daß die Lieben, die sie gehofft hatten, hier zu sehen, nicht eingetroffen waren und wahrscheinlich nie wieder kommen würden. Der Zug fuhr von der West Station weiter zur Dockstation, wo sich die Szenen wiederholten.

Die Nacht des 29. April war eine Nacht der Gegensätze in Southampton. Während in einigen Familien fröhlich Wiedersehen gefeiert wurde, trauerten Mütter, Ehefrauen, Brüder und Schwestern um ihre Angehörigen, die nicht mehr zurückkommen würden.

Oben: Besatzungsmitglieder der Titanic auf dem Weg zu einem Gedenkgottesdienst in Southampton.
(Lloyd's Deathless Story)

Links: Ein erschöpfter Bruce Ismay und seine strahlende Frau bei ihrer Ankunft in Liverpool. (Daily Sketch)

Fragen, Antworten, Fragen _____ *113*

Die zweite Gruppe der Titanic-Überlebenden, 86 Stewards, Stewardessen und Küchenpersonal, betraten einen Tag später in Plymouth den Zug nach Southampton, der dort um 21 Uhr eintraf. Die Bilder des Vortags wiederholten sich, die Hoffnung aber wurde geringer. Nur noch 34 Besatzungsmitglieder und vier Offiziere waren in Washington für die amerikanische Untersuchung aufgehalten worden. Deren Namen waren bekannt, so daß die Besatzungsmitglieder, die an diesem Abend in Southampton eintrafen, unwiderruflich die letzten waren. Niemand würde mehr kommen.

Die restlichen Besatzungsmitglieder, einschließlich der Männer im Ausguck, Lee und Fleet, und Steuermann Hichens trafen an Bord der Celtic (White Star Line) am 6. Mai in Liverpool ein. Der Empfang dort war nicht weniger herzlich als in Southampton.

Bruce Ismay und die vier Offiziere kamen am 11. Mai an Bord der Adriatic in Liverpool an. Mrs. Ismay war in Queenstown an Bord gegangen, um ihren Mann in die Arme zu schließen. Als Bruce Ismay mit seiner strahlenden Frau an seiner Seite die Gangway in Liverpool herunterschritt, wurde er anders als in den USA mit freundlichen Rufen begrüßt. Mr. und Mrs. Ismay hatten Schwierigkeiten, sich durch die Menschenmenge zu ihrem Automobil zu kämpfen. Viele Menschen wollten ihm die Hand schütteln. Es war wie die Heimkehr eines Helden. Ismay, der vom Hafen aus zu seinem Landsitz in Sandheys fuhr, war von diesem Empfang zutiefst bewegt.

Die überlebenden Offiziere wurden von ihren Familien begrüßt. Sie waren allerdings sehr kurz angebunden, wenn es um Antworten auf Fragen der Journalisten ging. Dennoch mußten Fragen gestellt und Antworten gefunden werden. Die Titanic gehörte zwar einer amerikanischen Reederei, lief aber unter britischer Flagge und war den britischen Vorschriften entsprechend gebaut und von einer britischen Mannschaft bedient worden. Und daher gab es auch eine britische Untersuchungskommission, die sicherstellen sollte, daß kein weiteres britisches Schiff ein ähnliches Schicksal erleiden würde. Die Amerikaner hatten nach dem „wie" gefragt, den Briten ging es um das „warum".

Die Vorschriften der britischen Aufsichtsbehörden für die Ausstattung neuer Schiffe waren zuletzt 1894 überarbeitet worden, als das größte Linienschiff die 12 950 Tonnen große Campania der Cunard Line war. 1911 hatte die Titanic die 46 000-Tonnen-Marke erreicht und noch größere Schiffe waren in der Planung. Mit der Entwicklung der Superliner Mauretania, Lusitania, Olympic und Titanic stellten einige Politiker, wie der Populist Horatio Bottomley, die bestehenden Regeln, vor allem in Sachen Rettungsboote, in Frage.

Tatsächlich hatte sich die Aufsichtsbehörde Gedanken darüber gemacht. Ein Komitee hatte sich Anfang 1911 getroffen und über die Zahl der Rettungsboote angesichts der immer größer werdenden Schiffe diskutiert. Allerdings sah man keinen Grund, die Vorschriften zu ändern, die den Passagieren zur Verfügung stehenden Kubikraum als Maßstab nahmen. Alexander Carlisle, der erste Entwickler der Titanic, war so glücklich, daß das Komitee wenigstens über dieses Thema gesprochen hatte, daß er mit zurückhaltendem Protest das Protokoll unterschrieb.

_____ Titanic: Legende und Wahrheit

Links: *John Charles Bigham, Lord Mersey, leitete die britische Untersuchung. Das Foto zeigt ihn zusammen mit seinem Sohn, der als Sekretär der Kommission fungierte.* (Daily Sketch)

Unten rechts: *Sir Cosmo Duff-Gordon (links neben dem vierten Schornstein) hört George Symons zu, der die Beladung von Rettungsboot Nummer 1 beschreibt.* (Daily Mirror)

Der endgültige Plan der Titanic sah 16 Rettungsboote vor, in denen 980 Menschen Platz fanden, was die Vorschriften erfüllte. Vier zusätzliche Faltboote von Englehardt mit Sitzen für weitere 196 Menschen wurden von den Konstrukteuren noch untergebracht. Damit übertraf die Titanic die Vorschriften.

Die offizielle Untersuchung der Ursache für den Untergang wurde dem Gesetz von 1894 entsprechend am 30. April 1912 begonnen. Bereits am 23. April war der Vorsitzende Lord Mersey - John Charles Bigham, Baron Mersey of Toxteth (Lancashire) - von Robert Treshire, Earl Loreburn, Lord High Chancellor of Great Britain, ernannt worden. Die Namen der vier Assessoren, die Lord Mersey zur Seite standen, wurden ebenfalls am 23. April vom Innenminister bekanntgegeben.

Die besten Juristen standen auf beiden Seiten der Kommission, die unter anderem von Sir Rufus Isaacs, KC, beraten wurde. Sir Robert Finlay, KC, MP, führte die juristische Mannschaft der White Star Line an. Thomas Scanlan schließlich vertrat die Gewerkschaft der Seeleute und Feuerwehrmänner.

Der Generalstaatsanwalt hatte der Kommission 26 Fragen vorgelegt, auf die Antworten gefunden werden mußten. Sie betrafen die Konstruktion, die Navigation und die Eiswarnungen. Als die Untersuchung bereits begonnen hatte, wurde auch eine Frage, die sich mit dem Verhalten der Californian beschäftigte, nachgeschoben.

Die Untersuchung fand in der Scotish Drill Hall in der Nähe des Buckingham Palace statt. Die Akustik war erbärmlich, was sich nach der Installation von Reflektoren nicht entscheidend änderte. Zuschauer, Berater und die Mitglieder der Kommission hatten große Probleme, die Verhandlung zu verfolgen.

Handwerker bereiten ein Modell der Titanic für die britische Untersuchung vor. (Daily Mirror)

Zu den Höhepunkten der Verhöre gehörten die Aussagen der Offiziere und Mannschaften über die Details des Wracks, Kapitän Rostrons Bericht über die Rettung und Guglielmo Marconis Aussagen über die Rolle des Funks in der maritimen Sicherheit. Mit besonderer Aufmerksamkeit wurde Kapitän Lords Aussage aufgenommen, der nur als Zeuge geladen war und dem bei den Verhören kein Versagen vorgeworfen wurde. Sir Cosmo Duff-Gordon und seine Frau, die bekannte Modedesignerin „Lucille", wurden befragt, warum sich in ihrem Rettungsboot mit Platz für 35 Menschen nur ein Dutzend Personen befunden hatten. J. Bruce Ismay erklärte, und die Kommission glaubte ihm, daß er keinen Einfluß auf die Navigation des Schiffes genommen hatte, und daß er das Schiff erst verlassen hatte, nachdem er sich davon überzeugte, daß niemand in der Nähe des Rettungsbootes gestanden habe.

Die Anhörung wurde mit einer Erklärung technischer Details der Konstruktion im Vergleich zu anderen Schiffen, den Regeln für Rettungsboote und einer Demonstration

der Manövrierfähigkeit (dafür nahm man das Schwesterschiff Olympic) beendet. Die öffentliche Beweisaufnahme wurde am Freitag, 21. Juni beendet. Acht Tage mit abschließenden Plädoyers folgten. Dabei ging es nicht um schuldig oder unschuldig, sondern um richtig oder falsch, wobei das Richtige gelobt wurde und die Fehler korrigiert werden sollten.

Die Geschworenen zogen sich zu ihren Beratungen zurück. Auch Lord Mersey und seine Assistenten zogen sich zurück, um die Aussagen und die Plädoyers zu studieren. An Lesestoff mangelte es nicht. Die 25 622 Fragen und Antworten füllten insgesamt 959 Seiten.

Fragen, Antworten, Fragen ──────────────────────────────────── *117*

Am 30. Juli präsentierte die Kommission ihre Ergebnisse:
„Die Kollision der Titanic mit einem Eisberg lag an der hohen Geschwindigkeit des Schiffes. Es gab keine ausreichende Wache. Die Rettungsboote wurden korrekt zu Wasser gelassen, waren aber nicht ausreichend gefüllt. Der Leyland-Liner Californian hätte die Titanic erreichen können, wenn man es versucht hätte. Der Kurs war bei entsprechender Vorsicht relativ sicher. Bei der Rettung der Passagiere sind die Reisenden der dritten Klasse nicht diskriminiert worden."

Der Kommissionsvorsitzende sprach J. Bruce Ismay und Sir Cosmo Duff-Gordon von allen Vorwürfen frei. Man empfahl zusätzlich wasserdichte Schotts, Kapazität für alle Passagiere in den Rettungsbooten und strengere Regeln für den Ausguck.

Oben: *Ausguck Archie Jewell (x oben links) erhielt nach seiner Aussage ein kurzes Dankeschön von Lord Mersey.* (Daily Mirror)

Oben links: *Lord Mersey (x) und seine Assistenten beobachten das Herablassen eines Rettungsbootes am 6. Mai.* (Daily Sketch)

Rechts: *Lady Lucile Duff-Gordon war eine von zwei Passagieren, die bei der britischen Untersuchung vernommen wurden. Der andere war ihr Gatte.* (Daily Graphic)

Der Kapitän der Californian, Stanley Lord, auf dem Weg zu seiner Vernehmung als Zeuge. Erst nach seiner Aussage wurde eine Frage nachgeschoben, die sich mit seinem Verhalten in der Nacht befaßte.
(Daily Graphic)

Lord Mersey lobte das Verhalten der Besatzung und der Passagiere, bedauerte aber zugleich, daß kein Rettungsboot (vor allem Nummer eins) versucht hatte, Ertrinkende zu retten. Die Kommission war voll des Lobes für Kapitän Rostron der Carpathia. Er war überzeugt, daß die Californian die Raketen der Titanic aus der Entfernung von acht bis zehn Meilen gesehen hatte und das Schiff ohne Probleme hätte erreichen und dadurch viele oder alle Leben hätte retten können. Zum Abschluß tadelte Mersey die Aufsichtsbehörde, die es versäumt hatte, die aus dem Jahr 1894 stammenden Vorschriften zu ändern.

Nach der Veröffentlichung von Merseys Urteil meinte der Londoner „Daily Telegraph":
„Man sollte sich darüber im klaren sein, daß Lord Merseys Gericht keine Strafkammer war, dessen Überlegungen man als verbindlich annehmen muß. Der Report ist zwar rein technisch gesehen nicht das letzte Wort, wird aber vermutlich so aufgefaßt werden. Man kann sich nur schwer vorstellen, daß irgendein Gericht, das sich mit der Verantwortung der Besitzer des Schiffs beschäftigen muß, die Meinung von Lord Mersey außer acht lassen würde. Dieser Punkt ist von ganz besonderer Bedeutung. Denn wenn den Besitzern der Titanic Fehler hätten nachgewiesen werden können, dann wären die im Gesetz festgelegten Haftungsgrenzen von 15 Pfund je Tonne bei Verlust des Lebens und acht Pfund bei anderen Schäden außer Kraft gesetzt worden."

Nach den Buchstaben des Gesetzes hafteten die Besitzer der Titanic mit ungefähr 600 000 Dollar für verlorengegangene Fracht. Die bei Gericht eingereichten Ansprüche der amerikanischen Passagiere für den Verlust von Angehörigen und Fracht gingen aller-

Rechts: *James Gibson, Gehilfe auf der Californian, belastete seinen Kapitän bei der britischen Untersuchung.* (Daily Graphic)

Unten: *Lord Mersey (zweiter von links in der oberen Reihe) hatte den Vorsitz bei der britischen Untersuchung, wo Antworten auf mehr als 25 000 Fragen gegeben wurden.* (Daily Graphic)

dings in die Millionen. Die Besitzer der Titanic gingen daher in den USA vor Gericht, um die Haftungssumme zu reduzieren. Demnach hätte den Ansprüchen der Gegenwert von 13 benutzten Rettungsbooten, eine kleine Summe für vorab gezahlte Fracht und der Gegenwert der Passagiertickets gegenübergestanden. Dies alles entsprach einer Summe von 97 772,02 Dollar. Dem standen Forderungen von 16 804 112 Dollar gegenüber.

Das Bezirksgericht im südlichen Distrikt des Staates New York war für den Fall verantwortlich, weil die Titanic unterwegs nach New York war und sich die Zentrale der White Star Line dort befand. Dem Gericht stand Richter Charles M. Hough vor. In einem anderen Fall hatte Bezirksrichter George C. Holt festgestellt, daß in der Haftungsfrage britisches Recht galt.

J. Bruce Ismay antwortete während seiner Vernehmung auf mehr als 800 Fragen. (Sphere)

Vor der ersten Anhörung im September 1912 (der Prozeß wurde im Juni 1915 abgeschlossen) mußte Richter Hough wegen einer Erkrankung den Fall abgeben. Richter Julius M. Mayer übernahm ihn.

Die Anspruchsteller wollten Fahrlässigkeit nachweisen - die Beklagten wollten die Haftung begrenzen und beweisen, daß es kein fahrlässiges Verhalten gegeben hatte. Zur gleichen Zeit entschied ein britisches Gericht die Klage von Ryan gegen Oceanic Steam Navigation Co Ltd. zugunsten der Kläger. Am 9. Februar 1914 wies Lordrichter Vaughan Williams den Fall ab und bescheinigte damit zugleich der Titanic nachlässige Navigation. Nach dieser Entscheidung verlegten viele amerikanische Kläger ihre Klage nach Großbritannien.

Dennoch gab es in den USA immer noch genügend Kläger, so daß die Anhörung dort keine Nebensache war. Edward Wilding aus der Entwicklungsabteilung von Harland and Wolf beschrieb die technische Konstruktion und die Sicherheitsmaßnahmen der Titanic. Alexander Carlisle wiederholte unter Eid in London seine Aussage über die unzureichende Ausstattung mit Rettungsbooten. Bei dem Prozeß in den USA sagten wesentlich mehr Passagiere aus als bei den Untersuchungen des amerikanischen Senats oder der britischen Aufsichtsbehörde. Unter ihnen John B. Thayer, Karl Behr, W. J. Mellor, Mrs. Jacques Futrelle . . .

Die Klagen waren wegen des Verlusts von Angehörigen und/oder Fracht beziehungsweise Gepäck eingereicht worden. Den größten Anspruch wegen des Verlusts eines

Fragen, Antworten, Fragen ────────────────────────────── *121*

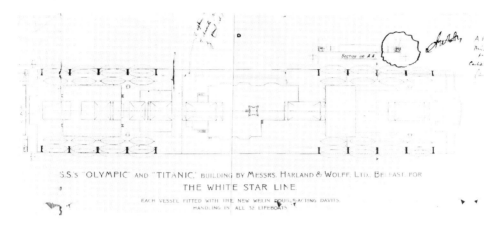

Angehörigen hatte die Witwe des New Yorker Theaterproduzenten Henry B. Harris erhoben. Sie forderte eine Million Dollar. Mrs. Charlotte Cardeza, Millionärsgattin aus Philadelphia, reichte die höchste Klage wegen Verlust des Gepäcks ein. Sie forderte die Summe von 177 352,74 Dollar. Die US-Regierung forderte mit 41,04 Dollar für verlorengegangene Post eine der niedrigsten Summen.

Die einzelnen Klagen zeigen auch, wie unterschiedlich die Passagiere an Bord der Titanic waren. Neben den Klagen, die verlorene Juwelen und kostbare Kleidung betrafen, gab es folgenden Fälle:

Oben: *Bei den Untersuchungen in New York wurde bekannt, daß man die Titanic ursprünglich mit zusätzlichen Rettungsbooten ausrüsten wollte.* (National Archives)

Rechts: *Mrs. Charlotte Drake Cardeza stellte mit 177 352,75 Dollar die höchste Schadensersatzforderung.* (Philadelphia Inquirer)

Zu den Unterlagen für die Untersuchungskommission gehörte auch diese Liste mit Fracht-Voraus-zahlungen. (National Archives)

Eugene Daly	Dudelsäcke	$ 50,00
Emilio Portaluppi	Signiertes Bild von Garibaldi,	
	„daß er meinem Großvater geschenkt hat".	$ 3000,00
William Carter	Renault 35 hp	$ 5000,00
Ella Holmes White	Hähne und Hennen von der	
	Chasse ile rage Jardin d'Agriculture (vier)	$ 207,87
Edwina Troutt	Marmeladenmaschine	8s 5d
Hokan Björnström-Steffanson	Ölgemälde von Blondelle 4 x 8 Fuß	
	„La Circassienne Au Bain"	$ 100 000,00
Stuart Collett	Handgeschriebene Notizen	$ 50,00
Hersh L. Siebald	Sieben Pergamentrollen der Thora	$ 250,00
Margaret Brown	Drei Kisten antiker Modelle für das	
	Museum von Denver	$ 500,00
Annie May Stengel	Ausgaben von „Science and Health"	$ 5,00
Robert W. Daniel	Champion-Bulldogge „Gamin de Pycombe"	$ 750,00

Die Summe der geforderten 16 804 112 Dollar mußte unter allen Anspruchstellern auf-geteilt werden. Im Dezember 1915 erreichten beide Parteien eine vorläufige Einigung. Am 28. Juli 1916, mehr als vier Jahre nach der Katastrophe, unterzeichnete Richter Mayer eine Abmachung, die alle Prozesse beendete. Danach wurden unter allen Klägern 663 000 Dollar verteilt.

Nun waren alle Verantwortlichkeiten untersucht. Einige, die Verantwortung trugen, wurden freigesprochen, andere mußten mit einem Urteil leben, das ihnen nicht gerecht wurde. Die Haftungsfragen waren geklärt, Entschädigungen weit unter Wert gezahlt worden. Doch das Gesetz hatte mit all seiner Fehlbarkeit gesprochen. Erst im Laufe der Zeit sollten Fragen gestellt werden, für die es keine Antworten gab und Antworten gegeben werden, für die es gar keine Fragen gab. . .

Neun

Die Zeit vergeht

Am Ende der Titanic-Geschichte sind Blicke nach vorne und zurück angebracht. Der Blick in die Vergangenheit nimmt drei Menschen ins Visier, deren Leben von dem Untergang des Schiffs ganz besonders betroffen wurden. Der Blick nach vorne führt zur Entdeckung des Wracks auf dem Meeresboden und der Frage, was dies für das Andenken an die Opfer und die Menschen, die das Wrack für ihre eigenen Zwecke ausnutzen, bedeutet.

Joseph Groves Boxhall kam in Hull, Yorkshire, am 23. März 1884 auf die Welt. Er starb am 25. April 1967. Bevor er als vierter Offizier an Bord der Titanic seinen Dienst antrat, war Boxhall bereits 13 Jahre lang zur See gefahren. Seine Lehrzeit hatte er bei William Thomas, Liverpool, verbracht und arbeitete später als Offizier bei der Wilson Line aus Hull. Nachdem er sein Patent 1907 in Hull bekommen hatte, heuerte er bei der White Star Line an. Vor seinem Dienstantritt an Bord der Titanic hatte er fünf Jahre bei White Star verbracht und in dieser Zeit auch sein Patent für die große Fahrt gemacht.

Nach der Titanic war Boxhall kurze Zeit lang vierter Offizier auf der Adriatic. Danach war er Unterleutnant bei der königlichen Marinereserve und wurde kurz vor dem Kriegsausbruch zu einem einjährigen Training an Bord eines Kriegsschiffs abkommandiert. Als der Krieg ausbrach, blieb er an Bord des Schiffs, der HMS Commonwealth, um danach nach Gibraltar versetzt zu werden, wo er das Kommando eines Torpedoboots übernahm. Er gehörte bald zur Mannschaft des kommandierenden Admirals in Gibraltar und blieb dort bis zum Ende des Krieges.

Boxhall kehrte nun zu White Star zurück, wo er bis zur Übernahme der Reederei 1934 durch Cunard blieb. Er tat als erster Offizier auf einigen Cunard-Linern wie Berengaria und Aquitania Dienst und wurde schließlich leitender Offizier auf den Schiffen Ausonia, Scythia und Antonia. Von allen jungen Offizieren der Titanic blieb Boxhall am längsten auf See. 1940 ging er aus Gesundheitsgründen in den Ruhestand.

Er blieb aber an maritimen Dingen und der Titanic interessiert, wobei er sich jedoch nie an öffentlichen Diskussionen über den Untergang beteiligte. Obwohl er seine Rolle in jener Nacht nie herausstellte, war er sich jedoch sicher, daß die von ihm errechnete Position der Titanic korrekt gewesen sei. Für ihn gab es keinen Grund, daran zu zweifeln.

Titanic: Legende und Wahrheit

Commander Joseph Groves Boxhall in seiner Rolle als technischer Ratgeber für den 1958 gedrehten Film „A Night To Remember". (William MacQuitty)

Als Walter Lords Buch „A Night to Remember" verfilmt wurde, unterbrach Commander Boxhall seinen Ruhestand, um als technischer Berater Commodore Harry Grattidge zu assistieren. Er fand es „sehr interessant, mich zu sehen, wie ich vor 46 Jahren war." Nach seinem Tod, so hatte Commander Boxhall verfügt, sollte seine Asche an der Stelle des Titanic-Untergangs verstreut werden. So geschah es, wie ein Auszug aus dem Logbuch des Cunard-Schiffs Scotia beweist:

„MV Scotia, unterwegs von New York nach Southampton, 12. Juni 1967 um 09.38 Uhr. Breite 41° 46' N, Länge 50° 14' W. Die Asche der sterblichen Überreste des verstorbenen Commander J. G. Boxhall wurden dem Meer nach einer kurzen Zeremonie übergeben."

Das Leben von Joseph Bruce Ismay wurde ebenfalls ganz entscheidend vom Untergang der Titanic beeinflußt. Der am 12. Dezember 1862 in Enfield House, Great Crobsy, geborene älteste Sohn von Thomas Henry Ismay und dessen Frau Margaret Bruce übernahm am 23. November 1899 im Alter von 36 Jahren die Kontrolle der von seinem Vater 1867 gegründeten White Star Line. Der offizielle Name der Reederei lautete freilich Oceanic Steam Navigation Company und wurde von der Gesellschaft Ismay, Imrie and Company beherrscht.

Am 1. Januar 1900 nahm Bruce Ismay den alten Freund der Familie Harold Arthur Anderson als Partner in das Unternehmen auf, der in den fünf Jahren zuvor als Geschäftsführer die Geschicke der Firma geleitet hatte. Unter der Führung der beiden Männer entwickelte sich White Star prächtig. Pläne wurden entworfen, um mit einigen neuen Dampfern in die australischen und neuseeländischen Märkte einzusteigen. Gleichzeitig wurde mit dem Bau von drei großen Passagierschiffen als Ergänzung der mit 21 000 Tonnen vermessenen Celtic begonnen. Die am 4. April vom Stapel gelaufe-

Die Zeit vergeht

Eine der letzten Aufnahmen von Joseph Bruce Ismay, die Mrs. Ismay ganz besonders schätzte. (Wilton J. Oldham)

ne Celtic war Thomas Ismays letztes Schiff gewesen und hatte als erster Dampfer die Größe der Great Eastern übertroffen. Sie machte den Auftakt für die sogenannten „Großen Vier": Cedric, Baltic und Adriatic waren die anderen Schiffe.

Ismay war auch für den Verkauf der White Star an die von amerikanischen Interessen kontrollierte International Mercantile Marine verantwortlich. Dieser Konzern war 1893 durch den Zusammenschluß der American, Red Star und Inman Lines entstanden. Später wurden noch Atlantic Transport, Dominion und Leyland Lines aufgekauft. Nachdem man sich mit den größten deutschen Reedereien „verständigt" hatte, beherrschte das Unternehmen den Fracht- und Passagierverkehr über den Nordatlantik.

Die Cunard Line widerstand Morgans Versuchungen und blieb britisch. Diese Treue - und die Bereitschaft, die Passagierschiffe britischen Truppentransporten zur Verfügung zu stellen - wurde von der Regierung in London mit besonders niedrigen Kreditzinsen belohnt, die den Bau der Lusitania und Mauretania (der beiden größten und schnellsten Liner jener Tage) ermöglichte.

Vielleicht lag es an diesen Subventionen, daß die Aktionäre von White Star Morgans Angebot akzeptierten. Der Verkauf brachte zehn Millionen Pfund in die Kasse, was die Aktionäre begrüßten, die Ismay-Familie aber mit gemischten Gefühlen aufnahm. White Star war nun seit dem 1. Januar 1904 eine amerikanische Reederei. J. Bruce Ismay wurde auf Morgans ausdrücklichen Wunsch Vorstandsvorsitzender der International Mercantile Marine, die er zusammen mit seiner eigenen Firma leitete.

White Star ging es nie besser. Während der nächsten acht Jahre wurden viele neue Frachter und Passagierschiffe gebaut. Ein umfangreicher Liniendienst nach Australien und Neuseeland wurde eingerichtet, und zu den erfolgreichen „Großen Vier" kamen die Olympic und die Titanic, mit einem dritten Schwesterschiff Gigantic in der Planung.

Nachdem White Star so erfolgreich war, wollte sich Ismay aus dem Konzern zurückziehen und sich nur noch den eigenen Geschäftsinteressen widmen. Im Herbst 1911 einigten sich Ismay und Harold Sanderson darauf, daß sich Ismay Ende 1912 zurückziehen und Sanderson sein Nachfolger an der Spitze von IMM werden würde.

Diese Lösung wurde auch von den amerikanischen Geschäftspartnern akzeptiert, obwohl das konkrete Datum kritisiert wurde. Ismay selbst war noch einmal nachdenklich geworden, doch schließlich einigte man sich in einem Schreiben an J. P. Morgan and Company, New York, vom 26. Februar 1912 auf den 30. Juni 1913 als das Datum für Ismays Pensionierung und Sandersons Amtsübernahme.

Ismay war im April 1912 aus zwei Gründen auf der Titanic. Auf der einen Seite wollte er natürlich die Jungfernfahrt mitmachen, zugleich aber in New York im Hauptquartier von IMM die Details seiner Pensionierung besprechen. Die Tatsache, daß er erst um 1.40 Uhr eines der Faltboote bestieg, wurde in der britischen Untersuchung positiv bewertet. Es wurde zweifelsfrei festgestellt, daß sich keine Frauen oder Kinder oder irgendwelche anderen Passagiere in der Nähe befanden. Lord Mersey stellte feste:

„Die Angriffe gegen Mr. Ismay bestanden darin, daß er als Chef der Reederei die moralische Verpflichtung gehabt hätte zu warten, bis das Schiff unterging. Ich kann dem nicht zustimmen. Nachdem Mr. Ismay anderen Passagieren geholfen hatte, sah er, wie das Faltboot ‚C‘, das letzte Boot auf der Steuerbordseite, zu Wasser gelassen wurde. Zu der Zeit war niemand sonst anwesend. Es war ein Platz frei, und den nahm er ein. Hätte er das nicht getan wäre der Platz leer geblieben, und ein weiterer Name, nämlich sein eigener, hätte auf der Liste der Opfer gestanden."

Es gab jedoch einige amerikanische Zeitungen, die ihn übel verleumdeten. Eine New Yorker Zeitung stellte die Bilder von Frauen, die ihre Männer beim Untergang verloren hatten, um sein Porträt. Die Bildunterschrift lautete „J. Brute Ismay".

Die britische Presse war freundlicher. Viele Zeugen berichteten bei der amerikanischen Untersuchung positiv über Ismays Verhalten. Die Berichte darüber wurden von der britischen Öffentlichkeit gut aufgenommen. Für viele Zeitgenossen war sein Verhalten während der Evakuierung durchaus heldenhaft. Als er am 11. Mai 1912 mit der Adriatic nach Liverpool zurückkehrte, wurde er von einer Menschenmenge mit Applaus begrüßt.

Die britische Untersuchung sprach ihn von allen Verdächtigungen frei. Dennoch wurde er nie mehr richtig glücklich. Jeden seiner Geburtstage erlebte er mit Trauer und Selbstvorwürfen. Vor allen Dingen die oftmals bis zur Unwahrheit übertriebenen Geschichten der Überlebenden, die immer wieder in den Zeitungen auftauchten, bereiteten ihm Verdruß. Seine Familie half ihm, wo sie konnte. Seine Frau Florence ließ es aber nicht zu, daß das Thema Titanic in seiner Gegenwart erwähnt wurde. Bruce Ismay wurde den Rest seines Lebens von Schuldgefühlen verfolgt.

Nach seinem Abschied von IMM wollte er Vorstandschef von White Star bleiben, doch die Amerikaner blockierten diesen Wunsch. Dennoch hatte er bis 1916 einen Sitz im Aufsichtsrat der britischen IMM.

Die Zeit vergeht _____ *127*

Nachdem er sich von IMM und White Star verabschiedet hatte, war er in den Aufsichtsräten einiger anderer Unternehmen tätig. Dazu gehörte die London & North Western Railway. Als diese Firma von der London, Midland and Scottish Railway geschluckt wurde, bat man ihn, den Vorstand der neuen Firma zu übernehmen. Er lehnte ab, weil er keinen Job mehr in der Öffentlichkeit haben wollte.

Nach dem Ersten Weltkrieg verkaufte er seinen Landsitz Sandheys in der Nähe von Liverpool, verbrachte aber noch viel Zeit in der Stadt bei Sitzungen seiner Firma. In den zwanziger Jahren lebte er überwiegend in seinem Haus in Irland, „The Lodge" in Costelloe, County Galway, an der irischen Westküste.

Bruce Ismay wurde aber, obwohl er sich von seinen Geschäften zurückzog, kein Einsiedler. Er genoß es, durch die Londoner Parks zu promenieren und Konzerte zu besuchen. Sein Haus in 15 Hill Street, Berkeley Square, wurde ein Treffpunkt für Familienmitglieder und Freunde. Bis sein Sehvermögen nachließ, verbrachte er auch viel Zeit in einem gemieteten Haus in Gleneagles, Schottland, wo er zur Jagd ging und angelte.

Seine Kinder - Margaret, Tom, George und Evelyn - gründeten ihre eigenen Familien, und die Enkelkinder brachten Sonne in seine Sommerferien. Als „The Lodge" in Costelloe von einem mysteriösen Feuer eingeäschert wurde, baute er den Landsitz sofort wieder auf.

Im Jahre 1934 zog sich Ismay endgültig von allen Aktivitäten zurück. Die von seinem Vater gegründete Reederei war von Cunard übernommen worden. Innerhalb von zwei Jahren wurden bis auf zwei alle Schiffe der White Star abgewrackt. Das neue Management hielt sie für überflüssig.

Im Jahre 1936 mußte ihm wegen Durchblutungsstörungen ein Bein abgenommen werden. Er war nun auf einen Rollstuhl oder Gehhilfen angewiesen. Den Sommer 1937 verbrachte er auf dem Lande, um im Herbst nach London zurückzukehren. Weiter im Norden wartete die Olympic im schottischen Inverkeithing auf die Abwracker. Am 14. Oktober 1937 erlitt er einen schweren Schlaganfall, von dem er sich nicht mehr erholte und drei Tage später starb. Seine Urne wurde im Putney Vale Friedhof, in der Nähe von London, beigesetzt.

Stanley Lord wurde am 13. September 1877 in Bolton, einem Vorort von Manchester geboren. Er spielte als Kapitän der Californian von allen, die in den Untergang der Titanic verwickelt waren, die tragischste Rolle. Die Mersey-Kommission hatte festgestellt, daß Lord entweder wußte oder aber hätte wissen müssen, daß die Titanic in Schwierigkeiten war, aber nichts tat, um die Passagiere zu retten, obwohl sein Schiff dazu in der Lage gewesen wäre.

Bei der Untersuchung der Aufsichtsbehörde wurde Lord nur als Zeuge vernommen. Er wurde für seine Rolle (zu Recht oder zu Unrecht) nicht angeklagt und konnte sich daher nie öffentlich und offiziell verteidigen. Für die Presse war Lord, vor allem nach der Mersey-Untersuchung, der Schuft. Er mußte bei der Leyland Line, für die er mehr als 14 Jahre lang gearbeitet hatte, kündigen. Die Aufsichtsbehörde weigerte sich 1912 und 1913, die Untersuchung wiederaufzunehmen.

Der Kapitän der Californian, Stanley Lord, an seinem 80. Geburtstag. (Stanley T. Lord)

Den von ihm präsentierten Beweisen wurden bei der Untersuchung der Aufsichtsbehörde wenig Glaubwürdigkeit beigemessen: Die geschätzte Position der im Eis gestoppten Californian sei 17 bis 20 Meilen von der Untergangsstelle entfernt gewesen. Die Tatsache, daß der von der Titanic beobachtete Dampfer sich bewegte, daß von der Brücke der Californian ein anderes Schiff beobachtet wurde, daß andere Schiffe in der Nähe der Titanic gewesen waren, wurde bei der Beurteilung seiner Rolle einfach nicht berücksichtigt.

Nach dem Ausbruch des Ersten Weltkriegs stellte Lord alle Versuche ein, seinen Fall aufs neue zu verhandeln. Frank Strachan, der amerikanische Agent der Leyland Line, half ihm, ein Kommando bei der Londoner Reederei Nitrate Producers Steam Ship Co Ltd. (Lawther, Latta & Co) zu bekommen. Er trat seinen Dienst im Februar 1913 an und blieb dort bis März 1927. Er war zwar noch immer zutiefst von Lord Merseys Andeutungen betroffen, stellte aber fest, daß die Titanic ihn weder beruflich noch persönlich einschränkte und ließ die Angelegenheit daher fallen.

Nach seiner Pensionierung 1927 registrierte Lord nicht, wie stark die Öffentlichkeit noch immer an der Titanic interessiert war. Er las nicht viel. Als das Buch „A Night to Remember" als Vorabdruck 1955 im „Daily Liverpool Echo" veröffentlicht wurde, las Lord, der mit dem gleichnamigen Autor nicht verwandt war, nur die Teile, in der die Californian keine Rolle spielte und war daher nicht sonderlich beeindruckt.

Die Zeit vergeht

Doch als 1958 der nach dem Buch gedrehte Film in die Kinos kam, meinte Lord, daß „der Film den Vermutungen, daß die Californian in unmittelbarer Nähe lag, viel Platz einräumte."

Um seinen Namen von den Vorwürfen zu reinigen und von der britischen Untersuchung nicht berücksichtigte Fakten bekanntzumachen, sicherte sich Lord die Dienste von W. Leslie Harrison, dem Generalsekretär des britischen Verbands der Handelsmarine, dem Lord seit 1897 angehört hatte. Harrison trat mit dem Buchautor und dem Filmproduzenten in Kontakt und forderte, daß sie dem Kapitän die Möglichkeit einräumten, seine Sicht der Dinge darzustellen. Doch Autor und Produzent meinten, daß die Ergebnisse der britischen Untersuchung die Beurteilung der Rolle der Californian rechtfertigten.

Leslie Harrison beantragte nun eine neue Untersuchung, um die Ergebnisse der vorliegenden, so weit sie Lord betrafen, zu korrigieren. Lord stellte dafür seine Unterlagen aus den Jahren 1912-13, die er minutiös gesammelt hatte, zur Verfügung.

Nach seinem Abschied von der See erfreute sich Lord keiner guten Gesundheit, lebte aber noch bis zum 24. Januar 1962. Er hat nie einen Zweifel daran gelassen, daß er, selbst wenn er von der Katastrophe gewußt hätte, die Titanic nicht rechtzeitig hätte erreichen können, um Leben zu retten. Im Hellen hatte er von 6 Uhr bis 8.30 Uhr gebraucht, um aus dem Eisfeld an die Stelle zu kommen, wo die Carpathia Überlebende an Bord nahm. Lord war fest davon überzeugt, daß er jeden Versuch, nachts durch das Eisfeld zu manövrieren, mit dem Verlust seines Schiffs bezahlt hätte.

Lords Tod hielt Leslie Harrison nicht davon ab, den Fall weiter zu verfolgen. Er faßte es als seine Pflicht auf, Lord von diesen Vorwürfen zu reinigen. Im Februar 1965 präsentierte er der Aufsichtsbehörde die Fakten, wie er sie sah. Einige davon waren 1912 nicht bekannt, und daher forderte er eine Revision der damaligen Untersuchung.

In den Unterlagen befand sich nicht der vertrauliche Bericht, den der erste Offizier des norwegischen Segelschiffs Samson den Behörden seines Landes gegenüber im April 1912 abgab. Der erst 1962 veröffentlichte Bericht beschreibt, daß die Samson nahe genug bei der Titanic war, um das Schiff und die Notraketen zu sehen.

Der Kapitän der Samson (die keinen Funk an Bord hatte) kam der Titanic nicht zur Hilfe, weil er illegal gejagte Seehunde an Bord hatte. Die Raketen hatte er als Aufforderung an andere Schiffe interpretiert, sein Schiff aufzuhalten. Das Fehlen von Funk an Bord hatte die Situation noch verschärft. Nachdem man die Raketen bemerkt hatte, schlug die Samson einen nördlichen Kurs ein.

In Harrisons erster Petition hieß es, daß die von der Titanic und der Californian gesehenen Schiffe nicht die gleichen gewesen sind, daß Mersey nicht berücksichtigte, daß sich die Zeiten der beiden Schiffe (Titanic und Californian) um zwölf Minuten unterschieden und daß „die persönlichen Meinungen des dritten Offiziers der Californian und des Hilfsmaschinisten, daß das von ihnen gesehene Schiff die Titanic gewesen sei, nicht die Bedeutung hätten, die ihnen vom Gericht zugebilligt worden war".

Harrison erklärte schließlich noch, daß das „britische Gericht es versäumt hatte, Lord darauf hinzuweisen, daß er nicht nur als Zeuge vor ihm stand und daß man ihm danach keine Möglichkeit gab, sich angemessen zu verteidigen. Dieses Versäumnis brachte ihn um das ihm eigentlich zustehende Einspruchsrecht."

In einem Brief vom 6. September 1965 wies die Aufsichtsbehörde diesen Standpunkt zurück und erklärte, daß keine neuen Beweise präsentiert worden wären. Die Behörde wies aber auch darauf hin, daß viel Zeit vergangen und die meisten Zeugen inzwischen verstorben seien.

Am 4. März 1968 reichte Leslie Harrison einen weiteren Einspruch ein, wobei er neue Beweise von Lawrence Beesley vorlegte. Das Buch des Naturwissenschaftslehrers, „The Loss of the Titanic", gilt als glaubwürdigster Bericht über die Katastrophe.

Beesley, Passagier der zweiten Klasse, war weder von der amerikanischen noch von der britischen Kommission vorgeladen worden. Im Februar 1963 machte er unter Eid eine Aussage über die Notraketen der Titanic. Er bat aber darum, daß seine Aussagen erst nach seinem Tod veröffentlicht werden sollten. Daher konnte Harrsion sie erst 1967 in seinem zweiten Einspruch berücksichtigen.

Beesley hatte geschworen, daß er „ungefähr acht Notraketen" bezeugen konnte. Er fuhr fort: „Ich verließ das Schiff mit Rettungsboot Nummer 13, und ich bin ziemlich sicher, daß die letzte Rakete abgeschossen wurde, bevor dieses Rettungsboot sich von der Titanic entfernt hatte."

Besatzungsmitglieder der Californian hatten behauptet, daß sie bis zwei Uhr morgens Raketen beobachtet hätten. Rettungsboot Nummer 13 hatte die Titanic gegen 1.30 Uhr verlassen. Selbst wenn man die zwölf Minuten Zeitunterschied berücksichtigt, macht dies eine neue Betrachtungsweise notwendig.

Die Aufsichtsbehörde lehnte auch diesen Einspruch ab, weil es keinen Justizirrtum gegeben habe und die meisten betroffenen Menschen in der Zwischenzeit gestorben waren. Beesleys Aussage wurde zurückgewiesen, weil sie auch bei den ursprünglichen Untersuchungen hätte gemacht werden können und im Rahmen des Gesetzes von 1894 nicht ausreiche, um den Fall wieder aufzurollen.

Mit der Entdeckung der Koordinaten des Wracks 1985 wurden wichtige und neue Beweise verfügbar - und sie wurden auch veröffentlicht . . .

Zehn

Irgendwo im Nordatlantik

Schon bald nach dem Untergang der Titanic gab es Versuche oder besser Pläne, das Wrack zu heben. Ein Zusammenschluß reicher amerikanischer Familien (Guggenheim, Astor und Widener) nahm zu der Bergungsfirma Merritt and Chapman Derrick and Wrecking Company Kontakt auf, um die Titanic heben zu lassen. Nach einer kurzen Untersuchung der Anfrage kam man zu dem Schluß, daß die Ausrüstung der damaligen Zeit einer solchen Aufgabe nicht gewachsen war.

Um die vermeintlich wertvolle Fracht der Titanic begannen sich bald nach der Katastrophe Legenden zu bilden. Die Rede war von Diamanten, kostbaren Juwelen, Schmuckstücken, zahlreichen Goldbarren, und schließlich sollte die Post auch noch einige Werte enthalten. Besonders wertvoll sollte auch eine mit Juwelen besetzte Kopie des „Rubaiyat" sein. Im Laufe der Jahre wurde die Fracht immer interessanter, bis die Titanic schließlich eine einzigartige schwimmende Schatzkiste war.

Die Wahrheit war wesentlich banaler, wurde aber von kaum jemandem zur Kenntnis genommen. Am 19. April 1912 war die Frachtliste des Schiffs in mehreren New Yorker Zeitungen veröffentlicht worden. Es war eine Allerweltsladung, die sich in nichts von den Ladungen anderer Expreßschiffe der damaligen Zeit unterschied. Es gab auf der Liste kein Gold, und es wurden auch später keine Versicherungsansprüche wegen wertvoller Diamanten oder anderen Juwelen gestellt, wenn man vom Schmuck der Damen absieht.

Die Kopie des „Rubaiyat", zweifellos von historischem Wert, war 1912 bei einer Auktion in London für 2025 Dollar versteigert worden. Selbst wenn man eine Verzehnfachung oder sogar eine Verhundertfachung des Wertes im Laufe der Jahrzehnte veranschlagt, so war auch das noch lange kein Grund, neun oder zehn Millionen Pfund in eine Bergung zu investieren.

Dennoch hat es im Laufe der Jahrzehnte nicht an Vorschlägen gefehlt, wie man die Titanic heben könne. Die technischen Lösungen reichten von Preßluft bis zu Schaumstoff, mit dem das Wrack an die Oberfläche kommen sollte. Auch die Elektrolyse des Seewassers, um so Sauerstoff und Wasserstoff zu erzeugen, das die Titanic nach oben bringen sollte, wurde vorgeschlagen. Andere Zeitgenossen wollten versenkbare Hubarme einsetzen, wollten Säcke mit Petroleumgelee im Schiff plazieren und es so an die Oberfläche bringen. Und dann riet noch jemand, die Titanic mittels flüssigem Stickstoff zu vereisen - ausgerechnet das Schiff, das von einem Eisberg auf den Boden des Ozeans geschickt wurde. Alle Vorschläge hatten allerdings einen gemeinsamen Nachteil. Um sie zu testen, mußte man erst einmal das Wrack finden.

Im Sommer 1953 unternahm die Bergungsfirma Risdon Beasley Ltd. aus Southampton einen Versuch, die Titanic zu orten. Mittels Sprengstoff und Echolot ermittelte man ein Profil des Seebodens. Das Bergungsschiff Help war in der Gegend um 43.65 N, 52.04 W unterwegs, wo man nicht sehr erfolgreich war.

Zwischen 1968 und 1978 verbrachten Douglas Woolley, Mark Bamford, Joe King und sein Partner Spencer Sokale zahllose Stunden mit Plänen, die Titanic zu lokalisieren - ihnen fehlten allerdings die finanziellen Voraussetzungen.

Im Jahre 1977 gründeten Westberliner Geschäftsleute die Firma „Titanic-Tresor", um Douglas Woolley zu unterstützen, zogen sich dann aber wieder zurück. Im gleichen Jahr wurde „Seanocis" ins Leben gerufen, um das Wrack zu orten und zu erforschen. Hinter dieser Gruppe standen auch Wissenschaftler und Forscher.

Walt Disney Productions und das Magazin der National Geographic Society verbündeten sich 1978, um einen Spielfilm über die Katastrophe zu drehen. Die Alcoa Corporation übernahm die Aufgabe, zu untersuchen, in welcher Form Unterwasseraufnahmen möglich seien. Alcoa benutzte dazu das Tauchboot Aluminaut. Im gleichen Jahr ließ man aber das Projekt wieder fallen.

Wieder ein Jahr später, 1979, wurde das britische Unternehmen „Seawise & Titanic" gegründet. An der Spitze standen Clive Ramsay und Philip Slade. Zur Expertengruppe gehörten der Unterwasserfotograf Derek Berwin und der Tauchexperte John Grattan. Das Geld kam vom britischen Industriellen und Finanzier Sir James Goldsmith, der sich von dem Unterfangen eine interessante Reportage für sein Magazin „Now" versprach.

Das war die bislang vielversprechendste Initiative, um das Wrack zu finden. Die anderen Organisationen hatten sich bis dahin meist ausschließlich mit der Forschung beschäftigt. Als Basis hatte man sich das Gebiet um 41.40 N, 50.03 W ausgesucht. Diese Koordinaten wurden später noch einmal überdacht. Die Expedition war für den Sommer 1980 geplant, doch man fand keine Sponsoren, und die Suche wurde eingestellt.

Zu diesem Zeitpunkt hatte die Titanic auch bei amerikanischen Meeresinstituten Freunde gefunden. An der Westküste (Scripps Institute of Oceanography) und an der Ostküste (Massachusetts Woods Hole Oceanographic Institution) gab es Interesse am Wrack. Die beiden Forschungsorganisationen unternahmen im Juni 1981 eine gemeinsame Expedition, die vom US-Marine-Forschungsinstitut gefördert wurde.

In New York wurde das Lamont-Doherty Geological Observatory der Columbia University anscheinend der wissenschaftliche Arm des texanischen Ölmanns Jack Grimm und dessen Partner, dem Filmemacher Mike Harris aus Florida. In den Jahren zuvor hatte Grimm schon Expeditionen finanziert, die „Bigfoot" (das kalifornische Gegenstück zum tibetanischen Yeti), das Monster von Loch Ness und die Arche Noah auf dem Berg Ararat finden sollten. Grimms Gruppe wollte mit Filmen, Büchern und Fotos der Titanic-Entdeckung Gewinn machen.

Irgendwo im Nordatlantik ───────────────────────────── *133*

Das Forschungsschiff H. J. W. Fay brachte die Gruppe in die Gegend um 41.40/41.50 N./50.10 W. Die Expedition mußte während der gesamten Zeit (29. Juli bis 17. August) mit schlechtem Wetter kämpfen, so daß die Ergebnisse enttäuschend waren. Die Sonargeräte brachten allerdings detaillierte Aufzeichnungen des Meeresbodens.

Fred Koehler, von der Presse zum elektronischen Zauberer befördert, bedrohte die Exklusivität von Grimms Expedition des Jahres 1981. Koehler, der aus Coral Gables in Florida stammte, hatte seinen Reparaturladen für elektronische Geräte verkauft, um die Fertigstellung seines Zweimann-U-Boots Seacopter zu finanzieren. Er wollte damit zur Titanic tauchen, in das Wrack eindringen, um die legendären Diamanten aus dem Safe des Pursers zu bergen. Nachdem er sich mit Grimm nicht über den Einsatz des Seacopter einigen konnte, plante Koehler seine eigene Expedition. Er brachte es zu einigen Berichten in der Presse, die Sponsoren blieben aber aus, so daß seine Expedition nie stattfand.

„Wir haben hervorragende technische Geräte und nur wenn wir in der falschen Gegend suchen, und daran glaube ich nicht, werden wir sie nicht finden." Mit diesen optimistischen Worten begann Grimm seine Expedition mit dem Forschungsschiff Gyre, das drei Tage, nachdem die Scripps/Woods-Hole-Expedition die Suchgegend verlassen hatte, mit der Erforschung der Region begann. Auch Grimms zweiter Versuch in der Gegend um 41.39/41.44 N, 50.02/50.08 W wurde von schlechtem Wetter behindert.

Grimm versuchte es zum dritten Mal im Jahre 1983 mit der Robert D. Conrad. Bei dieser Forschungsfahrt erklärte er, daß ein Foto der Expedition von 1980 ein Schraubenblatt der Titanic zeige. Die meisten anderen Wissenschaftler hielten das Stück für einen Felsen.

Die drei Expeditionen litten unter schlechtem Wetter, Konflikten innerhalb des Managements und schlechter historischer Vorbereitung, so daß die Ergebnisse ziemlich mager blieben. Sie hatten keine Fragen beantwortet, sondern neue gestellt. War die gefunkte CQD-Position der Titanic (41.46 N, 50.14 W) korrekt? War das Wrack 1929 durch ein Seebeben verschüttet worden? Die Weltpresse und Wissenschaftler spekulierten. Es schien, als würde man das Schiff nie finden.

Im Jahre 1984 hatte die Titanic viel an Attraktivität verloren. In der Presse wurden Geschichten über Expeditionen zum Wrack mit Zurückhaltung behandelt. Daher nahm auch kaum jemand Notiz von den Vorbereitungen des französischen Meeresforschungsinstituts (Institute Francais de Recherches pour L'Exploitatation des Mers, Ifremer) und des Woods Hole Instituts für eine Unterwasserexpedition. Jean Jarry von der französischen Seite und Robert D. Ballard von den Amerikanern leiteten die Expedition.

Die französischen Steuerzahler und die National Geographic Society finanzierten das Unternehmen, bei dem es offiziell um die Erprobung von neuartigen ferngesteuerten Unterwassergeräten ging. Die Entdeckung der Titanic betrachtete man als erfreulichen Nebeneffekt.

Die Ausrüstung bestand aus den ersten Komponenten eines neuen Systems, genannt Argo-Jason, mit dessen endgültiger Ausführung die Wissenschaftler den Meeresboden fotografieren konnten, ohne ihr Schiff verlassen zu müssen. Weil es dabei auch um Aspekte der nationalen Sicherheit ging, hatte die amerikanische Marine die Entwicklung mit 2,8 Millionen Dollar unterstützt, die 1983 an Woods Hole gezahlt wurden.

Am 1. Juli 1985 begann die erste Phase. Das französische Forschungsschiff Le Surôit kreuzte über der Untergangsstelle. Mit einigem historischen Wissen und den Koordinaten der erfolglosen Grimm-Expeditionen begannen die Franzosen, ein 150 Quadratmeilen umfassendes Gebiet zu untersuchen. Ihre Suche begann am 9. Juli.

Die Franzosen nutzten ein neues sonares Scanningsystem, daß Objekte in einem Umkreis von gut einem Kilometer erfassen konnte. Die Amerikaner steuerten dann noch zwei ferngelenkte Kamerasysteme ARGO und ANGUS bei, mit denen man das Schiff, wenn man es denn finden sollte, fotografieren wollte.

Zehn Tage lang kreuzte die Surôit in dem Gebiet und „mähte den Meeresboden", wie die Besatzung die eintönige Tätigkeit nannte. Kein Zeichen der Titanic wurde gefunden. Rund um die Uhr schleppte das Schiff die Geräte durchs Wasser, unterbrochen nur von einem Sturm, der eine Pause von zwei Tagen notwendig machte.

Am 19. Juli steuerten die Franzosen St. Pierre et Miquelon vor der Küste Neufundlands an, um Vorräte aufzufrischen. Hier ging Ballard mit an Bord, um beim zweiten Durchgang dabeisein zu können. Am 26. Juli begann Le Surôit mit dem zweiten Teil der Suche. Am 7. August hatte die franko-amerikanische Gruppe 80 Prozent der Gegend ohne Erfolg abgesucht. Für Le Surùit war die Zeit abgelaufen, sie wurde anderswo benötigt. Kurz bevor sich das französische Schiff aus der Gegend verabschiedete, waren die Amerikaner auf die Azoren geflogen, um dort an Bord des Forschungsschiffs Knorr von Woods Hole zu gehen. Am 15. August legte das Schiff in Ponta Delgada ab, mit 24 Wissenschaftlern und 25 Besatzungsmitgliedern an Bord.

Bevor man sich der Suche nach der Titanic widmete, brauchte man eine „Aufwärmübung". Die Knorr machte einen Umweg nach Südosten, wo sie über dem Wrack des amerikanischen Atom-U-Boots Scorpion stoppte, das 1968 mit allen Besatzungsmitgliedern untergegangen war. ANGUS und ARGO wurden eingesetzt, um das Wrack zu fotografieren. Die Aufnahmen sind bis heute Geheimsache.

Nach diesem Test nahm die Knorr Kurs auf die Titanic und erreichte am 22. August die Suchgegend. Die ferngesteuerten Kameras wurden ungefähr auf 4000 Meter Tiefe herabgelassen, und unter der Leitung von Ballard und Jean-Louis Michel begann die Suche.

Das von Grimm als Schraubenblatt vermutete Teil erwies sich jetzt definitiv als Felsstück. Dann begann man die Suche nach einem Feld voller Trümmer, das da unten irgendwo sein mußte. Dabei konzentrierte man sich auf das von den Franzosen noch nicht untersuchte Gebiet.

Zwei Wochen lang zeigten die Unterwasserkameras nur den sandigen Meeresboden. Die Mission hatte extremes Wetterglück. Die See war so ruhig wie in der Nacht, als die Titanic unterging. Die Routine war ermüdend. Stunde um Stunde verging für die Beobachter vor den Bildschirmen, ohne daß dort ein Zeichen der Titanic auftauchte.

Irgendwo im Nordatlantik ─────────────────────────────── 135

*Am 1. September 1985 entdeckte das Forschungsschiff der US-Navy, Knorr, das Wrack der Titanic.
(Woods Hole Oceanographic Institution)*

Am Morgen des 1. September 1985 hatte sich Ballard zurückgezogen und ruhte sich aus. Jean-Louis Michel hielt Wache im Kontrollraum. Er erinnert sich:

„Ich hatte bei der Entdeckung gegen ein Uhr morgens zusammen mit Mitgliedern aus meinem Team die Wache. Zuerst erschienen Dinge mit unnatürlichen Formen. Doch dann wurde unsere Aufmerksamkeit von Objekten, die dort herumlagen, erregt. Innerhalb von wenigen Minuten tauchten mehrere dieser Objekte auf, bis wir dann einen Kessel der Titanic entdeckten. Nun war alles klar.
Um zu verhindern, daß die Kamera mit dem Wrack kollidierte, zog ich ARGO nach oben. Und dann ließ ich Ballard und meine anderen französischen Kollegen benachrichtigen. Innerhalb von wenigen Minuten war der Kontrollraum bis auf den letzten Platz besetzt. Meine Freude wurde etwas durch die Tatsache gedämpft, daß wir es hier mit dem Ort einer Katastrophe zu tun hatten. Ich teilte diesen Moment mit den 40 Männern der Surôit, die auch hier sein sollten."

Der Schiffskoch hatte Ballard benachrichtigt. Der Amerikaner rannte in den Kontrollraum, wo er etwas abrupt die Wache übernahm. Irgend jemand in dem hoffnungslos überfüllten Raum merkte sich die Zeit. Es war 1.40 Uhr. Ballard erinnerte sich daran, daß die Titanic um 2.20 Uhr gesunken war. Er bat die Besatzung ans Heck, wo man eine kurze Gedenkminute für die Opfer einlegte.

Nachdem die genaue Lage des Wracks noch unbekannt war, herrschte ziemliche Angst, daß die Kamera irgendwo anstoßen könnte. Ballard befahl, ARGO an Bord zu holen, bis Echolot und genaue sonare Untersuchungen Klarheit über die Lage bringen konnten. Beim Heraufholen wäre es beinahe zu einer Katastrophe gekommen, als die Winde brach. Die Reparatur dauerte 14 Stunden, erst dann konnte ein zweiter Blick auf die Titanic geworfen werden.

In der Zwischenzeit hatte die Expedition ein Netzwerk von Unterwassersendern installiert, die die Positionen der Titanic, Knorr und ARGO ermitteln konnten.

Das Wetter begann sich zu verschlechtern, doch dank ihrer zykloiden Schraube blieb die Knorr an ihrer Position. Die Unterwasseraufnahmen wurden fortgesetzt.

Die Aufgabe war extrem schwierig: Das Paket mit den Kameras war ungefähr 4000 Meter unter der auf bis zu knapp fünf Meter hohen Wellen tanzenden Knorr. Ballard und Michel führten die Kameras erst neben das Wrack, um ARGO dann darüber fahren zu lassen. Die Titanic stand aufrecht, und auf den ersten Blick schien es, als würden die Schornsteine Nummer zwei und drei noch stehen. Der Vormast mußte auf die Backbordseite der Brücke gefallen sein. Der Bug war in einem überraschend guten Zustand. Die Wissenschaftler wollten sich dann auch vom Heck aus nähern, konnten es aber nicht finden. Wo war es ? Ballard konnte nur spekulieren, daß es irgendwo abgebrochen sein mußte.

Die Schwarzweiß-Aufnahmen von oben, die ARGO produzierte, waren von einer ausgezeichneten Qualität. Doch es blieb nur ein Tag, bevor die Knorr in den Heimathafen zurückkehren mußte. Um noch einige Nahaufnahmen zu machen, wurde auch ANGUS eingesetzt. Er näherte sich der Titanic bis auf zehn Meter und lieferte eine Serie von sensationellen, blaugetönten Fotos.

Bald sollte die Welt sie sehen: Das riesige Loch, wo einst Schornstein Nummer eins gestanden hatte. Die Ankerketten in Position, wie festgefroren. Der Ausguck mit seiner Telefonnische, mit sinnlos herunterhängenden Kabeln. Verschlossene Weinflaschen, in denen sich nun wahrscheinlich Seewasser befand. Die auf dem ganzen Schiff verteilten Trümmerteile. Der Brückenflügel auf der Steuerbordseite war vom vorderen Schornstein zermalmt worden. War Kapitän Smith dabei ums Leben gekommen?

ANGUS war „blind", ohne Videosteuerung, an der Titanic vorbeigeglitten. Ballard nannte die Suchaktion neben dem Wrack „eine der furchtbarsten Erfahrungen meines Lebens." Es war sein Respekt der Titanic und auch der Millionen Dollar kostenden Ausrüstung gegenüber, daß er nur Aufnahmen in vertikaler Ebene zuließ.

Es gab keine Zeit für mehr. Die Sender wurden an Bord geholt und die Ausrüstung verstaut. Die Heimreise konnte beginnen, wobei aber plötzlich ein Flugzeug auftauchte. Man hatte versucht, die genaue Position der Titanic geheimzuhalten, um Plünderer und Bergungsfirmen von ihr fernzuhalten. Doch nun war das Geheimnis offensichtlich

Irgendwo im Nordatlantik _____ *137*

gelüftet. Alleine die Tiefe des Meeres, die öffentliche Meinung und das individuelle Gewissen konnten das Wrack schützen.

Auf der Reise nach Westen analysierten die Wissenschaftler die Daten der Mission und die Fotos. Das in verschiedene Teile zerbrochene Heck war ungefähr 700 Meter hinter dem Bug in der Mitte eines Trümmerfeldes gefunden worden.

Tausende von Gratulanten, hunderte Reporter und mehr als ein Dutzend Filmteams begrüßten die Expedition in Woods Hole, Massachusetts, am 9. September. Die kleine Stadt in Neuengland war von Neugierigen überrannt worden, die mehr von „den Männern, die die Titanic entdeckt hatten", erfahren wollten. Auch Überlebende der Katastrophe wurden mit Wünschen nach Interviews überschwemmt. Wieder einmal beherrschte der legendäre Dampfer der White Star Line die Schlagzeilen der Weltpresse.

In einer Pressekonferenz in Washington machte Ballard seinen Standpunkt klar:

„Die Titanic liegt in ungefähr 4000 Meter Tiefe in einer sanft gewellten Landschaft über einer kleinen Schlucht.

Der Bug zeigt nach Norden. Das Schiff steht aufrecht auf dem Boden. Ihre mächtigen Schornsteine zeigen nach oben.

Es gibt in dieser Tiefe kein Licht, und es kann auch nur wenig dort gemacht werden.

Es ist ruhig und friedvoll und damit ein passender Platz für die Überreste der größten Seekatastrophe.

Möge es auf immer so bleiben, und möge Gott diese Seelen segnen."

Seine noblen Worte hatten nur eine kurze Lebensdauer. Zwei Wochen nach der Entdeckung schlug ein Waliser vor, das Schiff zu bergen, wobei er sich auch nicht von der Tatsache abschrecken ließ, daß es in zwei Teile gebrochen war. Eine britische Versicherung meinte, man sei Besitzer des Wracks. Einige wenig erfolgversprechende Vorschläge für die Bergung wurden unterbreitet.

Einer davon sah vor, riesige Schlingen unter das Wrack zu plazieren, die von einer halb versenkbaren Plattform heruntergelassen werden sollten. Diese würde wiederum von zwei Supertankern gehalten. Die gleiche Prozedur müßte für das Heck wiederholt werden und würde „mindestens fünf Jahre in Anspruch nehmen", wie ein atemloser Reporter meldete.

„Es ist wie die chinesische Mauer. Mit genügend Geld, Zeit und Menschen kann man alles machen", meinte ein optimistischer Zeitgenosse.

Ein belgischer Unternehmer versprach 40 wagemutigen Passagieren eine U-Bootfahrt zur Titanic, wo man Überreste einsammeln konnte, um dann nach dem Auftauchen bei einem Gottesdienst den Toten zu gedenken. Mit an Bord sollten einige Hollywood-Prominente sein. Für das Ticket verlangte der Belgier 25 000 Dollar.

In einem Versuch, das Schiff zu schützen, brachte der US-Abgeordnete Walter B. Jones ein Gesetz ein. Nach dem „Titanic Maritime Memorial Act" sollte das Wrack nach wissenschaftlichen Grundsätzen untersucht werden. Die amerikanische Regierung wurde aufgefordert, mit Kanada, Frankreich und Großbritannien zu verhandeln, damit auch dort ähnliche Gesetze in Kraft treten würden. Ende 1986 war das Gesetz vom Repräsentantenhaus und dem Senat verabschiedet und am 21. Oktober 1986 von Präsident Reagan unterzeichnet worden. Es war eine Geste - mehr nicht. Denn die Titanic lag in internationalen Gewässern und damit nach Ansicht von Experten in einem rechtfreien Raum.

Zwei Engländer sahen das anders. Am 5. November 1985 gründeten Leslie Pink und Leonard Brown den „Titanic Preservation Trust" in Portsmouth. Sie erklärten „ein Tauchgang ins Innere der Titanic, 4000 Meter unter der Oberfläche des Atlantiks, ist wie eine Grabschändung." Der Trust wollte gerichtliche Schritte einleiten, „um das Schiff und seinen Inhalt als Denkmal zu erhalten und nicht zu gestatten, Dinge aus ihm an den höchsten Bieter zu verschleudern." Die Gruppe wollte aber „begrenzte archäologische und ozeanographische Forschung am Fundort des untergegangenen Schiffs gestatten."

Die franko-amerikanische Expedition hatte zwar einige Fragen beantwortet, zugleich aber auch neue gestellt. Wann und warum war das Schiff auseinandergebrochen? In wieviele Teile war es zerbrochen? War das Schiff wirklich in einem gutem Zustand? Die Totalaufnahmen erlaubten einige Rückschlüsse darauf, was in der Nacht vom 14. auf den 15. April 1912 passiert war. Es war aber auch offensichtlich, daß man noch mehr in Erfahrung bringen konnte. Und es war auch klar, daß man ein bemanntes Schiff brauchte, um das Wrack aus der Nähe betrachten und aus den verschiedenen Winkeln fotografieren zu können.

Bei der Expedition des Jahres 1986 kam das Forschungsschiff Atlantis II zum Einsatz, das hier gerade das Tauchboot Alvin zu Wasser läßt. (Woods Hole Oceanographic Institution)

Irgendwo im Nordatlantik _____ *139*

Wieder waren es Unterwassertests, die einen zweiten Besuch beim Wrack ermöglichten. Jason Jr. (Oder „JJ"), ein Prototyp des von Woods Hole entwickelten Unter-
wasser-Beobachtungssystems, war für Versuche bereit. Die Navy ließ sich das 220 000
Dollar kosten.

Jason Jr. hatte die Größe eines Rasenmähers, war eine motorisierte High-Tech-Kame-
raeinheit, die durch ein rund 80 Meter langes Verbindungskabel kontrolliert wurde.
Selbst auf engstem Raum und bis zu knapp 7000 Metern Tiefe konnte das Gerät dank
seiner Antriebe manövrieren. Es hatte eine hochauflösende Farbvideo- und Fotokamera
sowie kraftvolle Lichtanlagen. Jason, das noch stärkere Gerät, war für 1989 geplant.
Personal der Navy nahm an der Expedition im Jahr 1986 teil, um Erfahrungen mit dem
Junior zu sammeln. Wieder stand Robert Ballard an der Spitze des Teams.

Jason wurde von ARGO aus auf den Weg geschickt, doch sein Vorgänger JJ mußte
auf den Boden des Ozeans gebracht werden. Dafür gab es das Dreimann-U-Boot Alvin,
das bereits um die 1700 Tauchgänge hinter sich hatte, seit es 1964 fertiggestellt worden
war. Es war für die Aufgaben in größeren Tiefen modifiziert worden und hatte nun
auch Raum für JJ.

Am 9. Juli 1986 nahm das Forschungsschiff Atlantis II des Woods Hole Instituts Kurs
auf die Titanic. An Bord waren 56 Wissenschaftler und Besatzungsmitglieder. Von der
Ifremer war niemand an Bord, weil man sich mit den Amerikanern über die Veröffentlichung der Expeditionsfotos aus dem Jahr 1985 zerstritten hatte.

Nach dreieinhalb Tagen hatte man die Stelle des Untergangs gefunden. Die in einem
Safe aufbewahrten Koordinaten waren in den Navigationscomputer des Forschungsschiffs eingegeben worden.

Zuerst wurde eine ganze Reihe von Zwischensendern in der Nähe der Titanic pla-
ziert, die ein Navigieren mit höchster Genauigkeit ermöglichten, was vor allem für Alvin
sehr wichtig war.

Alvins erste Tauchfahrt, die 1705., fand am 13. Juli, einem Sonntag, statt. Dr. Ballard
und zwei Besatzungsmitglieder ließen sich während der zweieinhalb stündigen Tauchfahrt zum Wrack der Titanic von klassischer Musik unterhalten.

Der Druck auf Alvins Titanhülle wurde immer größer. Im gleichen Maße sank die
Wassertemperatur und verschwand die Helligkeit. Bald umgab die Männer tiefe
Dunkelheit. Ballard bemerkte Wassertropfen auf der Innenseite des U-Boots und teilte
dies seinen Mitstreitern mit. Die Männer beruhigten ihn, Kondenswasser an der Innenseite des Bootes sei ganz normal.

Das Ziel auf dem Meeresboden war erreicht. Von Atlantis II geführt, tastete sich das
von Elektromotoren angetriebene Boot nach vorne. Die starken Scheinwerfer durch-
schnitten die ewige Dunkelheit. Plötzlich war die Suche beendet, das Boot stand vor
einer „riesigen Stahlwand, die", so Ballard, „sich endlos in alle Richtungen fortzusetzen
schien." Zum erstenmal seit 74 Jahren sahen Menschen die Titanic.

Die Träumereien waren innerhalb weniger Minuten abrupt beendet. Alarmglocken
zeigten an, daß Wasser Alvins Batterien bedrohte, die auch für die lebensrettenden

Oben: *Zwei vordere Poller der Titanic.* (Woods Hole Oceanographic Institution)

Unten: *Ein intaktes Fenster vor einer Einzelkabine der ersten Klasse.* (Woods Hole Oceanographic Institution)

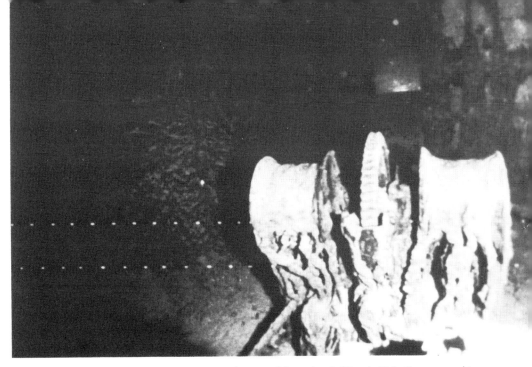

Oben: *Eine elektrische Winde für die Rettungsboote auf Steuerbord.* (Woods Hole Oceanographic Institution)

Unten: *Der vordere Eingang zu ersten Klasse, aufgenommen von ANGUS, der ferngesteuerten Kamera.* (Woods Hole Oceanographic Institution)

Oben: *Der Belüftungsschacht an der Basis des zweiten Schornsteins.* (Woods Hole Oceanographic Institution)

Unten: *Ein Bullauge, versteckt hinter einem Strom von Rost.* (Woods Hole Oceanographic Institution)

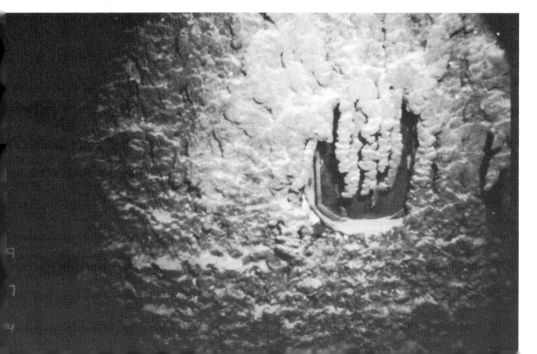

Oben: *Bei der Expedition im Jahre 1986 wurde auch das knapp 700 Meter vom Bug entfernt liegende Heck entdeckt.* (Woods Hole Oceanographic Institution)

Unten: *Der Aufprall auf dem Meeresboden verwandelte das Heck in einen schwer definierbaren Trümmerhaufen.* (Woods Hole Oceanographic Institution)

Systeme verantwortlich waren. Es gab keine Zeit mehr für Beobachtungen. Man mußte aufsteigen und zwar schnell. Ballast wurde abgeworfen, wobei Chefpilot Ralph Hollis darauf achtete, daß er nicht auf die Titanic fiel.

Sicher wieder an Bord der Atlantis II wurde Alvin von den Technikern gründlich überprüft. Zugleich verlor man keine Zeit: ANGUS, schon 1985 dabei, wurde über das Wrack gezogen, und mit seinen Aufnahmen wurde die bemannte Expedition des nächsten Tages vorbereitet. In der Zwischenzeit wurde Jason Jr. getestet und zum erstenmal mit Alvin verbunden.

Die technische Prozedur, Alvin ins Wasser zu lassen, war bald Routine. Jeden Morgen wurde Alvin auf der Wasseroberfläche abgesetzt mit JJ in seiner „Garage". Nach einer fünfminütigen Überprüfung setzte sich das U-Boot in Richtung Titanic in Bewegung. Der Zielpunkt lag oberhalb der Titanic, wo eine leichte Strömung herrschte, die das Boot zum Wrack schob. Nach kurzer Zeit schaffte es die Mannschaft, Alvin nach einem vier Kilometer langen Abstieg 50 Meter neben der Titanic zu plazieren.

Die Arbeitsbedingungen innerhalb Alvins waren beengt und unbequem. Der Kapitän kauerte am vorderen Bullauge. Backbord saß der Mann, der JJ steuerte, während der Wissenschaftler auf der Steuerbordseite saß. Ballard fühlte sich, als arbeite er „in einer Schweizer Uhr."

Beim zweiten Tauchgang wurde der vordere Eingang zur ersten Klasse unter der eingebrochenen Kuppel untersucht, durch den Ballard JJ beim nächsten Mal schicken wollte. Vier Stunden lang wurde das Schiff fotografiert und der Zustand der Titanic erforscht.

„Wir konnten den Namenszug Titanic nirgendwo entdecken", teilte Ballard der Atlantis II mit. „Ströme von Rost fließen an der Seite des Schiffs herunter und verschwinden im Sand." Die knapp 50 Zentimeter großen goldfarbenen Buchstaben waren ganz offensichtlich unter der Korrosion verschwunden.

Alvin nahm nun Kurs auf das Ruderhaus. „Wir landeten da, wo das Ruderhaus einmal stand und entdeckten das Steuerrad des Schiffs ohne den Holzkranz", berichtete Ballard. Das ebenfalls aus Holz hergestellte Ruderhaus war bis auf einen Stummel verschwunden. Überhaupt waren alle Holzteile von Würmern, deren Skelette überall auf dem Schiff herumlagen, vernichtet worden. Das U-Boot nahm nun Kurs auf das riesige Loch, das der erste Schornstein hinterlassen hatte.

Beim dritten Tauchgang hatte JJ seinen ersten Auftritt. Als sie beim Wrack eingetroffen waren, fanden die Wissenschaftler starke Strömungen vor, die sie bis dahin noch nicht erlebt hatten. Immer wieder drückten sie das U-Boot gegen die Stahlhülle des Wracks. Die starke Strömung machte den Einsatz von JJ unmöglich, so daß Ballard die Zeit nutzte, um selbst zu fotografieren. Unter anderem machte er Aufnahmen von der bis zu diesem Zeitpunkt noch nicht dokumentierten Backbordseite.

Ballard funkte seine Erkenntnisse an Bord. „Heute war ein harter Tauchgang. Die Strömung war sehr stark, und es gab einige Probleme im Wasser, so daß wir hart arbeiten mußten. Es ging vor allem um Bilder. Wir sahen die wunderschöne Lampe am Mast,

Irgendwo im Nordatlantik _____ *145*

eine sehr schöne Messingarbeit. Außerdem entdeckten wir noch jede Menge Türöffner."

Am nächsten Morgen hatte sich die Strömung wieder beruhigt. Alvin landete neben dem riesigen Loch, das einmal die vordere Freitreppe der Titanic gewesen war. Martin Bowen steuerte JJ von seiner „Garage" aus ins Schiffsinnere. Eine Zeitung meinte dazu: „Nach 74 Jahren hatte die Titanic wieder Gäste."

Das „schwimmende Auge" fuhr nach unten bis auf das B-Deck. Das Innere des Schiffs lag vollkommen in Trümmern. Nur die Stahlsäulen, die die Kuppel getragen hatten, und die Treppe selbst standen noch. Alles andere war verschwunden, und am Ende der Treppe lagen alle nur erdenklichen Trümmerstücke. Einige Kristall- und Messingüberreste baumelten noch zusammen mit zahllosen gelben, braunen und orangefarbenen Stalaktiten von der Decke.

Am 16. Juli begann der fünfte Tauchgang. Dabei wurden unter anderem die stählernen Überreste des Steuerrades untersucht. Dabei kam es zu einem spannenden Moment, als sich JJ in dem Wrack verfing und von Bowen vorsichtig mit Vorwärts- und Rückwärtsbewegungen herausgeholt werden mußte.

Ein Versuch, durch die großen Seitenfenster ins A-Deck einzusteigen, schlug fehl, weil sich JJ als zu groß erwies. „Er muß noch abnehmen", scherzte ein gut aufgelegter Ballard. Statt dessen guckten die Männer durch die Bullaugen der ersten Klasse in die Kabinen, die sich wie die anderen Räumlichkeiten im Zustand des vollkommenen Chaos befanden. Als das U-Boot langsam aufstieg, stieß es mit einem Davit zusammen, woraufhin sich ein Regen von Rost auf den Meeresboden ergoß.

JJ wurde dann zum Ausguck und zum Navigationslicht am Vormast geschickt. Das Tauchboot machte sich daraufhin zum Bootsdeck auf, wo es wieder neben der Freitreppe „parkte".

„Ich bin sehr erleichtert, keine menschlichen Überreste gefunden zu haben", meinte Ballard am Ende des Tauchgangs. Die See und ihre Geschöpfe hatten die sterblichen Überreste vernichtet. Wissenschaftler erklärten dies mit dem geringen mineralischen Gehalt des Seewassers und den ständigen Strömungen.

Die Erforschung ging weiter. Der Tauchgang am 18. Juli konzentrierte sich auf das Trümmerfeld in der Nähe des Hecks. Ballard berichtete von „tausenden Gegenständen auf dem Boden". Die meisten Dinge stammten aus der zweiten oder dritten Klasse. Dazu gehörten Nachttöpfe, elektrische Heizkörper, Geschirr, Tassen, Töpfe und Pfannen aus der Küche, Kohle und einige der vier Safes des Schiffs, die nach Zeugenaussagen während der Evakuierung geleert worden waren.

Alvin versuchte, über seine „Arme" den größten, vermutlich aus dem Büro des Zahlmeisters der zweiten Klasse stammenden Tresor zu öffnen, drehte am Schloß, hatte jedoch keinen Erfolg. „Er hatte einen Verschluß aus Bronze oder Gold, und wir konnten auch die Drehscheibe erkennen", so Ballard. Die Tür trug ein „wunderschönes Wappen, war poliert und sauber, sah wie neu aus."

Nur wenige persönliche Dinge der Passagiere und Besatzung wurden gefunden. Dazu gehörte ein Schuh, der Porzellankopf einer Spielzeugpuppe und eine romanische Statue.

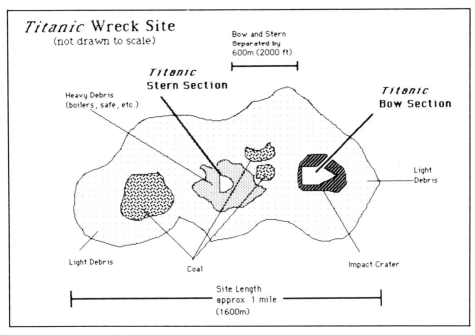

Die genaue Lage des Wracks.

Nach sechs insgesamt zehnstündigen Tauchgängen legte die Mannschaft am 19. Juli einen Ruhetag ein. Die Techniker nahmen sich des Tauchbootes an, die Wissenschaftler analysierten die Fotos und Daten und planten die folgenden Tauchgänge.

Der nächste Besuch bei der Titanic lief nach einem anderen Schema ab. Ballard blieb an Bord der Atlantis, während Marinepersonal zum Wrack tauchte. Die Männer wollten den Umgang mit Alvin und JJ kennenlernen.

Die achte Tauchfahrt hatte die Hecksektion des Wracks zum Ziel und war wahrscheinlich die bewegendste Begegnung mit dem Wrack. Die Forscher begriffen, daß hier Hunderte der Menschen an Bord der Titanic ihre letzten Minuten verbracht hatten. „Emotional war das der härteste Platz", meinte Ballard.

Zur Überraschung der Männer stand der fast in einem Stück erhaltene Teil des Hecks aufrecht im Wasser und zeigte in die gleiche Richtung wie der Bug. Die oberen Teile des Ruders ließen sich im Gegensatz zu den fast völlig versenkten Schrauben fast vollständig ausmachen. Andere Teile im Heck waren so zerstört, daß sie nicht mehr erkennbar waren. Ballard nannte diesen Teil des Schiffs ein einziges Trümmerfeld. „Es sah aus wie ein Rattennest."

Das hintere Deck war aufgerissen, so daß man die Stützen unter Deck und die elektrischen Kabel erkennen konnte. Ein 2,5-Tonnen-Kran ragte über das Deck. Die aufgerissene Heckpartie machte das Tauchen in diesem Bereich gefährlich und schwierig.

Irgendwo im Nordatlantik _____ *147*

Offensichtlich war die Titanic auf oder in der Nähe der Wasseroberfläche zerbrochen. Die Maschinen stürzten schnell auf den Meeresboden, während Bug und Heck in die Tiefe trudelten. Dabei verloren beide Teile ihren Inhalt, was das große Trümmerfeld erklärt.

JJ wäre einmal beinahe im Ozean verlorengegangen. Bei einem Auftauchen in schwerer See riß sich die Kamera aus der „Garage" und drohte unterzugehen. Nur dank einer schnellen Reaktion der Männer konnte der Verlust vermieden werden. Später mußten zwei Tauchgänge wegen technischer Probleme der Kamera gestrichen werden.

Zu einem „historischen Zwischenfall" kam es, als ANGUS nach einer nächtlichen Tauchfahrt an Bord geholt wurde und dabei ein Stahlkabel der Titanic mit an Bord kam. Während der gesamten Mission hatte sich die Mannschaft daran gehalten, kein Teil der Titanic zu berühren, und daher wurde auch dieses Teil wieder über Bord geworfen. Danach wuschen sich die Männer die Hände, damit auch kein Stäubchen Titanic-Rost an der Oberfläche blieb. „Wir hielten es für besser, die Überreste da zu lassen, wo sie waren", erklärte Ballard.

Ein Tauchgang untersuchte den Bruch zwischen dem zweiten und dritten Schornstein. Am Ende des Bugteils waren die Decks zusammengebrochen, als ob sie von oben zerdrückt worden wären und die Hülle nach innen gepreßt hätten.

Die Expedition versuchte, auch den vom Eisberg verursachten Schaden auszumachen. Doch der Bug war auf den Meeresboden in einem Winkel von 45 Grad aufgeschlagen und der Boden einige hundert Meter aufgerissen. Als er endlich zum Stillstand gekommen war, hatte er sich gut 15 Meter in den Boden gearbeitet. So konnte man den vom Eisberg verursachten Schaden nicht in Augenschein nehmen. Ballard meinte später, daß die Titanic dadurch nicht zu bergen sei. „Die Titanic beschützt sich selbst. Sie ist sehr zerbrechlich, und jeder Versuch, sie zu bergen, würde sie zerstören."

Am vorderen Teil wurden geplatzte Schweißnähte und zerbrochene Platten gefunden und mit dem Eisberg in Verbindung gebracht. Doch später meinte man, daß sie vom Aufprall auf den Meeresboden verursacht worden seien.

Die beschränkten Lichtverhältnisse machten es unmöglich, Blicke auf das gesamte Wrack werfen zu können. Die Titanic war einfach zu groß. Ballard verglich die Situation mit „einem Spaziergang in einem dunklen Wald mit einer Taschenlampe. Man kann damit die Rinde, aber nie den ganzen Baum sehen."

Schließlich fügte man aber aus den Aufnahmen eine Art Fotomosaik zusammen, das die gesamte Bugpartie zeigt.

Der 1715. Tauchgang war Alvins letzter Besuch bei der Titanic. Die Mission war beendet. Bei elf Tauchfahrten und vielen unbemannten Fotoexpeditionen waren mehr als 50 000 Aufnahmen und 100 Stunden Videofilm entstanden. Am Ende waren alle Beteiligten müde, was sie aber nicht von einer Abschlußfeier abhielt.

Bei ihrer Rückkehr wurden die Forscher von 500 Freunden, Reportern und Kollegen begrüßt.

Eine Woche später kündete Jack Grimm seine Absicht an, Überreste des Schiffs an Land zu holen. Es begannen Verhandlungen mit Ifremer, um die Titanic 1987 zu „besuchen".

Elf

Titanic: Gestern, heute, morgen

Jack Grimm sollte die Expedition des Jahres 1987 zur Titanic allerdings nicht leiten.

„Expedition Titanic 1987" war ein von Titanic Ventures und Westgate Productions geleitetes franko-amerikanisches Unternehmen. Mit den beiden Firmen war die französische Ifremer über Taurus International vertraglich verbunden. Ifremer ist eine staatliche französische Agentur, die französische Programme der ozeanographischen Forschung und Entwicklung verantwortet.

Von den Franzosen stammte das Mutterschiff der Expedition, die Nadir, und das bemannte Tauchboot Nautile, das wiederum die Sonde Robin steuerte. Außerdem stellte die „Grande Nation" das wissenschaftliche und technische Personal nebst Ausrüstung.

Die Expedition zur Untergangsstelle - 41°43' N, 49°56' W und nähere Umgebung - dauerte vom 22. Juli bis zum 11. September 1987. Bei 32 Tauchfahrten wurden rund 1800 Stücke gehoben. Zahlreiche Fotos und viele Meter Film entstanden dabei, und auch wissenschaftliche Untersuchungen wurden unternommen.

Die Bergung von Teilen aus dem Wrack war von heftigen Kontroversen begleitet. Für Dr. Robert Ballard war es „die Plünderung eines Grabes", wobei er Teile der Presse auf seiner Seite wußte. Die Zeitgenossen, die Dinge von der Titanic an die Meeresoberfläche brachten, waren in den Augen ihrer Kritiker Grabräuber, die die Geschichte ignorierten.

Im amerikanischen Kongreß wurde ein Gesetz zum Schutz der Titanic eingebracht und auch verabschiedet, doch trotz der Unterschrift von Präsident Reagan beeinflußte es nicht den Gang der Dinge. Die Titanic lag in internationalen Gewässern. In einem zweiten legislativen Anlauf versuchte der Senator von Connecticut, Lowell Weicker Jr., den Import von Titanic-Teilen in die USA zu verbieten. Das Gesetz wurde zwar vom Senat verabschiedet, vom Repräsentantenhaus aber auf die lange Bank geschoben, wo es liegen blieb.

Die TV-Sendung „Rückkehr zur Titanic . . . Live", die am 28. Oktober 1987 auch in den USA ausgestrahlt wurde, schien alle Bedenken zu bestätigen. Die Sendung aus dem Wissenschafts- und Industriemuseum in Paris sollte, so hieß es vorher, die Objekte in einer würdigen Atmosphäre mit Respekt den Verstorbenen gegenüber präsentieren.

Doch statt dessen dröhnte laute Musik, dominierten seltsame, schwarz gekleidete

Das Tauchboot Nautile der Ifremer während der Expedition im Jahr 1993. Auf der Nautile turnt gerade "Cowboy" Frederic Biguet. (RMS Titanic Inc.)

Wachen die Szenerie, und ein Fernsehstar (aus einer Krimiserie) fragte vor laufender Kamera: „Was ist das für ein Zeug?"

Diese Eindrücke wurden von betroffenen Historikern und Zuschauern nur langsam verdaut.

Im Oktober 1989 wurden zahlreiche Objekte im Pariser Marinemuseum der Öffentlichkeit gezeigt. Mehr als 37000 Besucher wollten die Exponate sehen.

Im Frühjahr 1990 ging die Ausstellung auf eine einjährige Tour durch Skandinavien, wo sie in sieben Museen, dem Historischen Museum in Stockholm, den Museen in Malmö, Göteborg und schließlich in Oslo gezeigt wurde. In den 28 Wochen kamen 292 000 Besucher, um sich die Wanderausstellung anzusehen. Danach wurden die Objekte wieder verpackt und nach Paris geschickt.

Im Sommer 1991 wurde das Wrack der Titanic von einem Team unabhängiger Filmemacher besucht, das mit von den Russen gechartertem Material einen IMAX-Film drehte. Dank der bisher leistungsfähigsten Lichtanlage entstanden die besten Aufnahmen eines Schiffswracks. Als der Film zum erstenmal gezeigt wurde, lenkte der ungewöhnliche Schnitt von den begeisternden Unterwasserbildern ab. Der Film wurde daraufhin überarbeitet, vermied die verwirrenden Passagen zu einem großen Teil und wurde so zu einem weltweiten Erfolg.

So wichtig die Entdeckung, das Filmen und auch die Bergung von Objekten gewesen sein mag, die Tatsache, daß man die exakten Koordinaten kannte, ließ nun zu, daß man nach 80 Jahren einen Irrtum aus der Welt schaffen konnte. Bis zur Entdeckung der Titanic im Jahre 1985 hatte sich die britische Aufsichtsbehörde geweigert, die Rolle von Kapitän Lord und seine vermeintliche Schuld noch einmal zu untersuchen. Stanley Lord konnte sich bei der offiziellen Untersuchung 1912 nicht nachhaltig erklären, und seine Zuverlässigkeit wurde nach seinem Auftritt als Zeuge in Zweifel gezogen. Die Einführung neuer Aussagen eines verläßlichen Zeugen über die Notraketen wurde verweigert, „weil sie nicht wichtig" waren, und Schiffe, die aller Wahrscheinlichkeit nach näher an der Titanic waren, wurden in der Untersuchung nicht berücksichtigt.

Die Titanic wurde ungefähr 13 Meilen von der Stelle entfernt gefunden, die 1912 von der britischen Untersuchung angenommen worden war. Die nun veränderte Beweislage ermöglichte eine neue Untersuchung, die das Verkehrsministerium, das nun verantwortlich war, zunächst abgelehnt hatte. 1990 schließlich wurde auf Veranlassung des damaligen Staatssekretärs Cecil Parkinson die Untersuchung noch einmal aufgerollt.

Doch dann verging erst einmal einige Zeit. Die neuen Beweise sollten von Kapitän Thomas Barnett, einem ehemaligen nautischen Vermesser für das Verkehrsministerium, beurteilt werden. Er lieferte seinen Report 1991 ab. Kapitän Peter Marriott, Chef der Ermittlungsabteilung, brauchte ein Jahr, um ihn zu studieren. Wer wegen der Verzögerung nachfragte, bekam als Antwort, daß eine ganze Reihe von Schiffsunglücken viel Arbeit für seine unterbesetzte Abteilung verursacht hätten. Im März 1992 wurde der Bericht dann endlich veröffentlicht.

Kapitän Marriott war nicht mit allem einverstanden, was Kapitän Barnett herausgefunden hatte. Kapitän James de Coverly, der Vize-Chefinspektor für Seeunglücke, wurde mit weiteren Ermittlungen beauftragt. Er kam in zwei wichtigen Punkten zu anderen Ergebnissen als Kapitän Barnett.

Barnett, der in dem endgültigen Bericht nur als „der Inspektor" Erwähnung findet, meinte, daß die Titanic und die Californian nur fünf bis zehn Meilen voneinander entfernt waren. Wahrscheinlich eher fünf als zehn Meilen. Kapitän de Coverly hingegen hielt eine Entfernung von 17 bis 20 Meilen für wahrscheinlicher, tippte auf 18 Meilen, die die Californian nordwestlich der Titanic gelegen habe.

Kapitän Barnett meinte auch, daß die Titanic gegen 23 Uhr bis zu ihrem Sinken dreieinhalb Stunden später von der Californian aus gesehen worden war. Kapitän de Coverly hingegen fand heraus, daß es sich dabei um ein anderes, nicht identifiziertes Schiff, wie zum Beispiel die Samson, gehandelt hatte.

Kapitän de Coverly nahm auch die Rolle von Herbert Stone, dem mittleren Wachoffizier der Californian, unter die Lupe, der zwischen Mitternacht und vier Uhr morgens auf der Brücke war. Stone hatte weder seinen Chef gerufen, als er die ersten Raketen sah, noch ihm persönlich Bericht erstattet, den Maschinenraum benachrichtigt oder den Funker Cyril Evans auf seinen Platz gerufen. Stone tat nichts dergleichen. Er schickte nur den Schiffsjungen zum dösenden Kapitän.

Stone hatte nichts von dem unternommen, was man von einem erfahrenen Offizier hätte erwarten dürfen. Seine Nachlässigkeit hatte die Verleumdung des total erschöpf-

Titanic: Gestern, heute, morgen _____ *151*

ten Kapitän Lord zur Folge, der geglaubt hatte, sein Schiff einem fähigen Offizier anvertraut zu haben.

Dennoch sprach de Coverly Lord nicht wie gehofft vollkommen frei. In seinem Report kommt er zu dem Schluß:

> „Ich glaube nicht, daß eine Aktion von Kapitän Lord den Ablauf der Tragödie beeinflußt hätte. Das ändert aber nichts an der Tatsache, daß man es hätte versuchen sollen."

Dieser Satz, mit dem Lords Integrität angezweifelt wird, kommt nur 14 Zeilen nach der Feststellung: „Wenn alles so verlaufen wäre, wie man es hätte erwarten können, dann wäre Kapitän Lord um 0.55 Uhr auf der Brücke gewesen und hätte vielleicht Kurs auf die Raketen genommen." Damit meinte de Coverly die Handlungen, die Stone, aus welchen Gründen auch immer, unterlassen hatte.

Eine abschließende Fußnote zu diesem Aspekt der Geschichte: Nach Kapitän Lords Tod 1962 versuchte sein Sohn Stanley Tutton Lord zusammen mit Leslie Harrison zweimal, 1965 und 1968, eine erneute Untersuchung der Aufsichtsbehörde zu erreichen. Vom Report des Jahres 1992 war der junge Lord zutiefst enttäuscht, weil sein Vater nicht vollkommen rehabilitiert wurde.

Stanley Tutton Lord starb 86jährig im Dezember 1994 in Wirral, England. Der Junggeselle, der für eine britische Bank gearbeitet hatte, hinterließ der Kathedrale von Chester und dem Tierschutzverein jeweils 270 000 Pfund. Er wurde neben dem Grab seiner Eltern Mabel und Stanley auf dem Earlston Friedhof auf der anderen Merseyseite gegenüber von Liverpool beigesetzt.

Beim 80. Jahrestag der Katastrophe gerieten die von der Ifremer-Expedition ans Tageslicht geholten 1800 Objekte noch einmal in die Schlagzeilen. Weil die Suche und die Verwahrung von der Electricité de France (EDF), einem französischen Staatsunternehmen, vorgenommen worden war, verlangten französische Gesetze, daß Besitzern die Gelegenheit gegeben werden mußte, ihr Eigentum zu beanspruchen, bevor die Objekte an Titanic Ventures, dem Finanzier der Expedition, übergeben werden konnten. Der Vertrag mit Ifremer verbot Titanic Ventures und dem späteren Unternehmen RMS Titanic Inc. den Verkauf der vom Meeresboden geborgenen Objekte. Andere Eigentümer konnten natürlich die Dinge, derer sie habhaft werden konnten, verkaufen.

Anzeigen, um Besitzer ausfindig zu machen, wurden in der „New York Times", „The Times" in London und drei französischen Zeitungen veröffentlicht. Den Anspruchstellern wurde Gelegenheit gegeben, Fotos in den französischen Botschaften und London sowie dem Sekretariat der französischen Handelsmarine zu betrachten. Die potentiellen Eigentümer mußten ihre Ansprüche zweifelsfrei belegen und sich nach französischem Recht an den Bergungskosten von 5,5 Millionen Dollar beteiligen.

Es gab einen einzigen berechtigten Anspruch. Eine Frau hatte die Uhr ihres Vaters erkannt, die daraufhin von RMS Titanic restauriert in einem Geschenkkasten überreicht wurde und die sie ihr Leben lang behalten durfte. Seit dem Untergang 1912 war die Titanic Gegenstand zahlreicher Untersuchungen und Auseinandersetzungen vor Gericht. Die Untersuchung der Jahre 1990 bis 1992, die Kapitän Lord teilweise rehabilitierte, war nicht die letzte ihrer Art.

Während der Filmaufnahmen im Jahr 1991 war es allen Beteiligten verboten, irgend etwas von dem Wrack zu bergen. Trotzdem wurden eine Pillendose und Teile einer Metallhülle von einem Mitglied des Filmteams mitgenommen.

Im September 1992 begann das Bergungsunternehmen Marex-Titanic Inc. aus Memphis, Tennessee, mit seiner eigenen Expedition zur Titanic. Marex-Chef James Kollar wurde vom texanischen Ölmagnaten Jack Grimm begleitet, der eine Mannschaft von „Investoren, Wissenschaftlern, Tauchern und Abenteurern" zusammengestellt hatte, um Objekte vom Wrack zu bergen. Das Forschungsschiff Sea Mussel verließ Lissabon und war bald am Ort der Katastrophe.

In dem Moment, da die Sea Mussel Kurs auf die Titanic nahm, erhob Titanic Ventures Klage im Bundesgericht des östlichen Distrikts von Virginia in Norfolk. Richter J. Calvitt Clarke brachte die Marex-Expedition mitten im Atlantik, 4000 Meter oberhalb der Titanic, zu einem plötzlichen Halt. Das Gericht war zuständig, weil aus der Titanic geborgene Objekte in Hampton Roads, Virginia, auf ihre Restaurierung warteten. Weil es aber kein Abkommen mit einer benachbarten Universität gab, entstand dort kein marine-archäologisches Laboratorium. Daher durften die Objekte mit gerichtlicher Genehmigung in ein französisches Labor transportiert werden.

Marex-Titanic argumentierte vor Gericht, daß Titanic Ventures seinen Anspruch ver-

NEW YORK, TUESDAY, DECEMBER 15, 1992

NOTICE

In 1987, items taken on the wreck of the TITANIC were landed on French territory in Lorient.

Pursuant to its laws, the French State is applying the procedure which allows assigns of the shipwrecked to secure the restitution of these items.

Interested persons may immediately contact:

— either   **the French Embassy in the USA
4101 Reservoir road
NW WASHINGTON DC 20007**

— or   **the Secretariat d'Etat a la Mer in Paris
Direction de la Flotte de Commerce
3, Place de Fontenoy
75007 PARIS**

They will find all the necessary information, at the above-mentioned locations, regarding the procedure and the evidence required for proving the claims, as well as a list of the items and a form for the request for restitution.

A set of photographs may be inspected on location.

Potential requesting parties are reminded of the fact that they must:

— send in their request **within a period of 3 months from the date of publication of this notice**

— establish proof of ownership,
— participate in the costs of finding the items.

Mit dieser Anzeige suchten die Franzosen nach potentiellen Besitzern der geborgenen Gegenstände. (New York Times)

Titanic: Gestern, heute, morgen ———————————————— *153*

loren habe, weil die Firma seit 1987 nicht mehr bei dem Wrack gewesen sei. Seinen Anspruch unterstrich Jack Grimm mit der Pillendose und der Metallhülle, die von seinem Unternehmen geborgen worden waren. Der Ursprung dieser Gegenstände war umstritten. Angeblich stammten sie von den Filmaufnahmen aus dem Jahr 1991.

Nach dreitägigen Verhandlungen kam Richter Clarke zu dem Urteil, daß Marex-Titanic das Wrack nicht besuchen durfte und daß Titanic Ventures das aktuelle Bergungsunternehmen sei. Das Urteil betraf Objekte im Rumpf ebenso wie Gegenstände aus dem Trümmerfeld. Nach dem Spruch versuchte Grimm, sich mit seinen Kontrahenten zu einigen. Die lehnten kategorisch ab.

James Kollar wollte sich mit dem Urteil jedoch nicht abfinden. Bisher hatte er schon 600000 Dollar investiert. Er wechselte den Anwalt und legte gegen Clarkes Urteil Einspruch ein. Clarke lehnte den Einspruch ab und gab Titanic Ventures die exklusiven Rechte.

Das Berufungsgericht meinte allerdings, daß Clarke die Bergungsrechte wegen eines juristischen Formfehlers zu Unrecht vergeben hatte. Gleichzeitig entschied der Berufungsrichter jedoch, daß Marex mit falschen Angaben operiert hatte, und daß Strafgelder verhängt werden konnten. Marex-Titanic und Kollar gaben nun endgültig auf.

Die neu organisierte Firma RMS Titanic - Nachfolger von Titanic Ventures - beantragte die Strafgelder. Am 23. Dezember sprachen die Richter dem Unternehmen 62 000 Dollar zu.

Im Juni 1994 lehnte Richter Clarke die Ansprüche der Versicherungsgesellschaft Liverpool and London Steamship Protective and Indemnity Association, die nach dem Untergang Hunderte von Ansprüchen geregelt hatte, ab.

Im September 1993 wurde eine Analyse über das beim Bau der Titanic verwendete Metall veröffentlicht. Dieser Report nahm dem Schiff ein weiteres Stück von seiner herausragenden Stellung. Die Autoren, angeführt von William Garzke, einem Marinearchitekten aus New York, hatten für ihren Report Analysen von Stahlproben angefertigt, die 1987 und 1991 während der Ifremer-Expedition genommen worden waren.

Die Tests hatten ergeben, daß beim Bau der Titanic (und der Schwesterschiffe Olympic und Britannic) Stahl verwendet worden war, der bei niedrigen Wassertemperaturen dazu neigte, spröde zu werden und daher leicht brechen konnte. Bei der Kollision mit dem Eisberg hatte das Wasser eine Temperatur von null Grad. Also sei der Stahl, wie bei minderwertigem Material üblich, gebrochen, anstatt sich zu verbiegen, meinten die Autoren. Die Proben hatten zudem einen hohen Schwefelanteil gezeigt, was das Material weiter anfällig machte.

„Die wirkliche Tragödie der Titanic", hieß es in dem Bericht, „besteht darin, daß eine bessere Stahlqualität vielleicht viele Menschen ihrer Besatzung und unter den Passagieren gerettet hätte."

Die Autoren dieses Buchs wollen die hervorragenden Experten nicht in Frage stellen, aber einige Punkte müssen, auch mit Rücksicht auf die Werft Harland and Wolf, besonders berücksichtigt werden.

Eines der größten geborgenen Objekte war dieses 2,5 Tonnen schwere Lager. (RMS Titanic)

Ein Davit, von dem aus die Rettungsboote zu Wasser gelassen worden sind, kommt an Bord der Nadir. (RMS Titanic)

Titanic: Gestern, heute, morgen ———————————————— 155

Oben: *Nach 80 Jahren im Wasser noch immer intakt - ein Bullauge der Titanic.* (RMS Titanic)

Oben rechts: *Bei den Tauchgängen des Jahres 1993 entdeckten die Autoren, daß die Abdeckungen der Bullaugen das Zeichen der White Star Line trugen.*
(Autor/RMS Titanic Inc.)

Rechts: *Diese Wasserhähne aus der Titanic wirken fast wie neu.* (RMS Titanic Inc.)

Titanic, Olympic und Britannic wurden ohne Rücksicht auf die Kosten gebaut. Die Werft hatte freie Hand, das bestmögliche Schiff mit den besten Materialien, die man für Geld kaufen konnte, zu bauen. Die Auftraggeber bezahlten ohne Murren jede Rechnung.

Während der Konstruktion der drei Linienschiffe waren die Auftragsbücher der Werft gut gefüllt. Die Firma war gesund, so daß es gar keinen Grund gab, sich Gedanken über die Verwendung geringwertigen Materials zu machen und den Auftraggeber damit zu betrügen. Natürlich entspricht der Stahl der Titanic nicht den heute möglichen Produkten, doch gemessen an der Zeit hatte er vermutlich Top-Qualität.

Beide Autoren haben sich persönlich vom Zustand des Wracks in der Nähe der Kontaktstelle mit dem Eisberg überzeugen können. Es gibt dort keine Spuren von Brüchen. Es gibt ein großes Loch auf der Steuerbordseite des Bugs unterhalb der Brücke, aber auch dort lassen sich keine Spuren feststellen, die auf Ermüdungsbrüche hindeuten. Es gibt abgeplatzte Nieten, aber das hat vermutlich seine Ursache im Aufprall auf den Meeresboden.

Vermutlich hat auch die Dicke des Stahls - nur gerade 2,5 Zentimeter - zur Verletzbarkeit beigetragen. Doch selbst wenn der hohe Schwefelanteil im Stahl die Hülle anfällig machte - warum ist sie dann nicht beim Aufprall auf den Meeresboden in tausend Stücke zersprungen? Das Wasser hatte damals eine Temperatur von null Grad.

Die Qualität des Stahls kann in Zweifel gezogen werden, auch die Konstruktion mag nicht unseren heutigen Vorstellungen entsprechen. Aber was man nicht anzweifeln

Diese Bank zeigt die handwerkliche Kunst der damaligen Zeit. (RMS Titanic Inc.)

Titanic: Gestern, heute, morgen _____ *157*

kann, ist die Tatsache, daß die Titanic aufrecht auf dem Meeresboden steht, so, als wolle sie wieder in See stechen. Bug und Heck entsprechen nach den unvorstellbaren Belastungen in großer Tiefe noch immer einem Schiff - also können Material und Bauausführung nicht so schlecht gewesen sein.

Nachdem RMS Titanic Inc. nun im Besitz zahlreicher Objekte war (1993 und 1994 fanden ebenfalls Expeditionen statt), wollte man diese der Welt auch zeigen. Eine Ausstellung von einem kleinen Teil der Gegenstände, die aus dem Wrack geborgen worden waren, wurde zusammen mit einem der berühmtesten Museen, dem britischen Marinemuseum in Greenwich, vorbereitet.

Das Museum kündigte die Ausstellung am 2. August 1993 an. Die Verantwortlichen und der Aufsichtsrat unter Flottenadmiral Lord Lewin waren besonders zufrieden, daß:

„RMS Titanic Incorporated bei der Expedition so behutsam wie möglich vorgegangen ist in Anbetracht der archäologischen und historischen Aufgabe sowie der Rücksicht den Überlebenden gegenüber. Wir unterstützen die Entscheidung von RMS Titanic Incorporated, das Material komplett zu dokumentieren und professionell zu konservieren sowie kein Stück zu verkaufen und die Ausstellung zusammenzuhalten, wenn sie nach ihrer Tour wieder zurückkehrt."

Die Ankündigung beschäftigte sich auch mit professionellen und ethischen Aspekten dieses Unternehmens, war aber mehr Ausdruck einer Hoffnung, denn das Datum der Ausstellungseröffnung wurde nicht genannt.

Das wurde nach ausführlicher Erörterung am 22.03.1994 nachgeholt. Die Ausstellung sollte nun zwischen dem 04.10.1994 und dem 02.04.1995 gezeigt werden.

Die Reaktionen kamen schnell und waren sehr unterschiedlich. Ein kleiner Teil der britischen Presse konnte sich mit der Idee absolut nicht anfreunden und begegnete dem Vorhaben mit Ablehnung.

Am meisten beschäftigte man sich mit dem „Bruch der Ruhe eines internationalen Grabes" und befürchtete, daß sich Schatzsucher aufmachen könnten, um andere prominente Schiffswracks zu plündern. Und noch immer herrschte die Angst, nach der Ausstellung könnten die Überreste aus der Titanic verkauft werden.

In einem Leserbrief an die Londoner „Times" stellte Lord Lewin, Vorsitzender des Aufsichtsrats des National Maritime Museum, fest:

„Wir wissen, daß einige Menschen denken, ein Grab sei ausgebeutet worden, während andere das Wrack als Erinnerung an eine Tragödie auffassen, die 4000 Meter weiter oben auf der Meeresoberfläche stattgefunden hat. Die Ausstellung wird dieser Kontroverse nicht ausweichen und die Frage stellen, ob es nicht besser gewesen wäre, das Wrack ungestört zu lassen.

Das Wrack der Titanic ist 1985 entdeckt worden. Zwei Jahre später kehrte eine Expedition zurück und brachte - völlig legal und als logische Konsequenz -

Dinge an die Oberfläche. Viele Marinemuseen und Archäologen hatten das Schlimmste befürchtet, nämlich, daß das Wrack beschädigt und die Objekte verkauft würden.

Die Besucher werden in Greenwich sehen, daß die Sorgen unberechtigt sind. Ifremer, die staatliche französische Forschungsgesellschaft für Meeresforschung, ist mit äußerster Sorgfalt vorgegangen, hat die Wrackstelle ständig vermessen und konserviert.

Die Ausstellung wird Menschen ermöglichen, sich selbst ein Bild von den Objekten zu machen, die Geschichte des Schiffs und die Methoden der modernen maritimen Archäologie näher kennenzulernen.

RMS Titanic Inc., das Unternehmen, das die Ausstellung organisiert, hat sich bereit erklärt, alle Objekte zu behalten und in einem Memorial öffentlich zu zeigen. Das National Maritime Museum ist dabei, ein internationales Komitee zu bilden, um herauszufinden, wie dies am besten erreicht werden kann und wie das Wrack zu schützen ist."

In seinem Brief erklärte Lord Lewin nicht nur die Gründe für die Ausstellung in Greenwich, sondern auch für die anderen Aktivitäten rund um die Titanic: Erforschung, Konservierung und die Aufrechterhaltung ihrer archäologischen Integrität.

Nach monatelangen Vorbereitungen eröffnete die Ausstellung „The Wreck of the Titanic" schließlich am 4. Oktober 1994 ihre Pforten. Im ersten Teil stand die Entdeckung des Schiffs dank moderner Technologie und die Schwierigkeiten, Gegenstände an die Wasseroberfläche zu bringen, im Mittelpunkt. Filme aus der Zeit, einschließlich einiger Aufnahmen nach dem Untergang 1912, ein Modell der Nautile und der Bugsektion der Titanic runden diesen Teil ab.

Zu den interessantesten Exponaten gehört zweifellos der restaurierte Brief eines Pfauenfederhändlers, der sich beklagt, daß Federboas in der Damenwelt nicht mehr en vogue seien. Ebenfalls ausgestellt wurde das Jackett eines Obers, das zusammengepreßt aufgefunden wurde, Glasvasen und Karaffen von den Tischen des Schiffs, Porzellan aus der ersten und zweiten Klasse, eine Tageszeitung aus Southampton vom 9. April 1912, in der die Titanic beschrieben wird, wie sie in ihrem Hafenbecken liegt, und einer der mächtigen Telegraphen des Schiffs, der wahrscheinlich vorne auf der Deckbrücke gestanden hat. Jedes Teil erzählte auf seine Art die Geschichte dieses faszinierenden Liners.

Wie von Lord Lewin in der „Times" versprochen, wurde der Kontroverse nicht ausgewichen. Eine ganze Katalogseite war diesem Thema gewidmet.

„Diese riesige Tragödie läßt mich auf ein Grab blicken. Das Schiff ist sein eigenes Denkmal. Laßt es so." (Eva Hart, Überlebende, die ihren Vater beim Untergang verlor.)

„Bei jedem zukünftigen Besuch des Wracks sollte ein Teil der Tauchzeit der Bergung von Dingen außerhalb der Hülle gewidmet werden. Die geborgenen

Titanic: Gestern, heute, morgen

Am 22. Mai 1994 verkündete Lord Lewin, der Aufsichtsratsvorsitzende des britischen Marinemuseums, die Ausstellung von 200 aus der Titanic geborgenen Objekten. Neben ihm die jüngste Überlebende der Katastrophe, Milvina Dean, vor dem Telegraph der Titanic. (National Maritime Museum)

Gegenstände sollten in einem Museum ausgestellt werden." (Robert Ballard, Mitentdecker des Wracks, vor dem amerikanischen Kongreß im Oktober 1985)

„Die größte Gefahr stellt nun der Mensch für die Titanic da. Vor allen Dingen schlechte Bergungsarbeiten." (Robert Ballard in seinem Buch „The Discovery of the Titanic", 1987)

„Als Überlebender der Titanic freue ich mich darüber, daß die Geschichte der Titanic dank Ihrer Bemühungen weiter in Erinnerung bleibt. Ihre Präsentation der geborgenen Objekte wird helfen, daß heutige und zukünftige Generationen Lehren aus dieser maritimen Katastrophe ziehen." (Beatrice Sandström, schwedische Überlebende)

„Wenn Forschung und Bergung der Titanic der Menschheit hilft, dann sollten sie weiter fortgeführt werden." (Louise Kink Pop, amerikanische Überlebende vor dem amerikanischen Kongreß)

„The Wreck of the Titanic" war die erfolgreichste Ausstellung in der Geschichte des britischen Marinemuseums. Drei Wochen vor der geplanten Schließung wurde sie um weitere sechs Monate bis Oktober 1995 verlängert. Mit 250 000 Besuchern während des Winters lagen die Besucherzahlen um das Doppelte über dem normalen Durchschnitt. Insgesamt, so sie Schätzungen der Museumsleitung, waren die Überreste der Titanic von 750 000 Menschen besucht worden.

Über einen Computer konnten die Besucher ihre Meinung zu einigen wichtigen Fragen über die Bergung der Objekte, ihrer Zukunft und die des Wracks äußern.

> Welcher Teil der Ausstellung war der interessanteste? Für 48 Prozent war es die Geschichte des Schiffs.
> Wo sollte ein dauerhaftes Titanic-Museum stehen? 73 Prozent stimmten für England.
> Die Hülle wird bald zusammenbrechen. Was soll unternommen werden? 70 Prozent meinten, man solle sie weiter erforschen.
> Sollten Funde wie die ausgestellten von kommerziellen Unternehmen geborgen werden? 68 Prozent hatten nichts dagegen.
> Sollten weitere Dinge aus der Titanic geborgen werden? Dem stimmten 72 Prozent der Besucher zu.

Obwohl diese Befragung keinen Einfluß auf die Zukunft der Titanic hat, so bleibt dennoch die Hoffnung, daß sich die Verantwortlichen diesen Teil der öffentlichen Meinung zu Herzen nehmen.

Zu den Ausstellungsstücken in London gehörte auch das Modell des Wracks, so wie es heute auf dem Meeresboden steht. (Autoren-Archiv)

Bei der Eröffnung der Ausstellung am 4. Oktober nahmen auch die Überlebende aus der zweiten Klasse, Mrs. Edith Brown Haisman, die Überlebende aus der dritten Klasse Miss Milvina Dean und der Produzent des Films „A Night To Remember", William Mac-Quitty, teil. (Robert DiSogra)

Am 15. April 1995, dem 83. Jahrestag der Katastrophe, nahmen die beiden Überlebenden Edith Haisman und Eva Hart an der Einweihung des Denkmalgartens auf dem Gelände des National Maritime Museums teil. Dies war das erste Denkmal für die Titanic in London. Um das Denkmal wachsen Pflanzen der Erinnerung: Friedensrosen, lila Salbei, Rosmarin und irische Eibe. Auf dem Granitblock aus Cornwall, der den Ballaststeinen der Titanic ähnelt, ist eine Bronzeplakette mit folgendem Text eingelassen:

TO
COMMEMORATE THE SINKING
OF
R.M.S. Titanic
ON
15TH APRIL 1912
AND ALL THOSE WHO
WERE LOST WITH HER
15. April 1995

Zur gleichen Zeit wurden in einem französischen Labor die 1987, 1993 und 1994 aus der Titanic geborgenen Objekte konserviert und restauriert. Mehr als 73 Jahre hatten die Objekte auf dem Meeresgrund gelegen und waren aus 4000 Meter Tiefe geborgen worden, wo es kein Licht und nur wenig Sauerstoff gab, dafür aber einen ständigen Angriff von Bakterien und chemischer Zersetzung. Auch der Druck erreichte außergewöhnlich Werte. Die Restaurierung dieser Gegenstände war in der Tat eine beachtliche Leistung.

Um die geborgenen Stücke konservieren zu können, müssen zunächst die schädlichen Stoffe genau analysiert werden. Sonst hätten die Fundstücke keine Chance - sie würden beim ersten Kontakt mit der neuen Atmosphäre zerfallen. Die Stabilisierung, Konservierung und schließlich die Restaurierung der Titanic-Überreste ist ein ganz besonders faszinierendes Thema der Ausstellung.

Im Jahre 1987, als die ersten 1800 Stücke geborgen wurden, nahmen die Wissenschaftler der Electricité de France (EDF) die Konservierung in die Hand. 1993 kamen weitere 800 Stücke bei einer Expedition an die Wasseroberfläche. Stéphane Pennec, der schon bei EDF an den Objekten gearbeitet hatte, gründete seine eigene Firma LP3, die sich um die Konservierung und Restaurierung kümmert.

Das Wrack der Titanic ist die Heimat ganz unterschiedlicher Gegenstände: große versilberte Nickelplatten aus den Küchen, Metallpfannen, Porzellan, zerbrechliche Gläser und Kristallstücke aus den Speisesälen. Daneben wurden metallene Dinge aus dem Maschinenraum, Fensterrahmen, eine Packung Zigaretten, Schreibutensilien, Brieftaschen und Koffer sowie gefüllte Gläser mit Oliven und Gegenstände aus Papier wie Bücher, Postkarten, Briefe, Noten und eine Zeitung gefunden. Und jedes Objekt verlangt nach seiner eigenen Restaurierungsart.

Bevor die Objekte ins Labor kommen, werden sie bereits an Bord der Nadir vom säurehaltigen Salz befreit. Danach werden die Stücke dann nach Materialart sortiert und in Schaum verpackt, um Transporterschütterungen zu begrenzen.

Sulfate und Chloride aus dem Meerwasser schwächen die Fundstücke, die, sobald sie an Bord sind, unbedingt feucht gelagert werden müssen. Keramik und Gläser verlieren ihre Oberflächenstruktur, wenn die Salzschicht kristallisieren kann. Leder wird hart, reißt und schrumpft, wenn die Salze aus den Poren vor dem Trocknen nicht herausgeholt werden. Metallene Objekte schließlich neigen zu beschleunigter Korrosion, wenn sie Sauerstoff ausgesetzt werden.

In einem Bericht heißt es:

„Der Rosenshine-Brief über die Federboas war bei seiner Entdeckung vollkommen unlesbar, Teil einer undefinierbaren Masse. Nach einer chemischen Analyse stand fest, daß das Papier mit Eisensulfaten verseucht war.

Ein Metalldraht lag auf dem Papier, und daher war Schwefel eingedrungen.

Die Forscher gingen in zwei Stufen vor, um den Inhalt zu entschlüsseln. Zunächst wurden die Eisen-Sulfide mit einer Lösung aus Hydrogen-Peroxid in Rost verwandelt.

Im zweiten Schritt wurde der Rost mit Oxalsäure in einer Lösung mit einem Natrium-Zitrat als Puffer vertrieben. Diese Lösung hat den Vorteil, zum einen den

Titanic: Gestern, heute, morgen ──────────────────────────── *163*

pH-Wert zu kontrollieren und zum anderen den Rost aufzulösen.

Pennec berichtete, daß es zwei Tage dauerte, bis der Brief einen lesbaren Zustand erreicht hatte. Schließlich wurde das Papier tiefgefroren. Der Entwicklungsprozeß hatte die Schreibmaschinenschrift, Graphit vom Farbband, nicht beschädigt. Tinten widerstehen diesen Belastungen nicht immer."

An diesem einen Stück Papier wird der Aufwand deutlich, der notwendig ist, um die zahllosen Gegenstände der Titanic zu restaurieren.

Holz und Metall sind nichts Ungewöhnliches in Wracks, und daher sind die Techniken, diese Materialien zu restaurieren, auch weithin bekannt. Natriumverbindungen helfen, Chlorionen aus metallenen Fundstücken zu vertreiben, wobei einige Metalle mit Natriumhydroxid behandelt werden, während Kupfer mit Natriumbicarbonat bearbeitet wird.

Holz ist besonderen Bakterienangriffen ausgesetzt, die Zellulose auflösen. Auf den ersten Blick mögen die Holzelemente sehr solide aussehen, doch ohne Zellulose können sie schrumpfen oder sogar zerfallen. Konservatoren benutzen daher eine fünfprozentige Lösung aus Polyethylenglycol, die dem Holz die strukturelle Stärke zurückgibt.

Selbst das Metall im Wrack ist bakteriellen Angriffen ausgesetzt. Diese Bakterien werden irgendwann einmal für das Verschwinden des ganzen Wracks verantwortlich sein. Als die Titanic 1985 entdeckt und ein Jahr später erforscht wurde, berichtete Robert Ballard von Roststömen, die sich an einigen Stellen über das Wrack ergossen.

Am 83. Jahrestag des Untergangs (15. April 1995) weihten Edith Brown Haisman und Eva Hart Londons erstes Titanic-Denkmal ein. (National Maritime Museum)

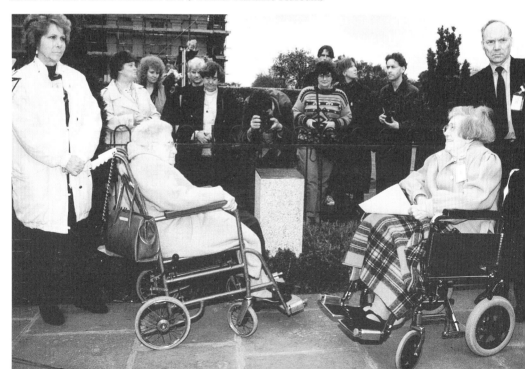

Im Jahre 1991 charterte die IMAX-Corporation aus dem kanadischen Toronto das russische Forschungsschiff Akademik Mstislav Keldysh, um das Wrack zu filmen. Während eines Tauchgangs barg das Tauchboot Mir 2 neun metallene Proben. Bei den folgenden wissenschaftlichen Untersuchungen wurde festgestellt, daß Bakterien eine entscheidende Rolle bei der Korrosion der Titanic spielen. Daher die von Ballard beobachteten Rostströme. Dabei handelt es sich um Kleinstlebewesen, die sich in der Umgebung mit wenig oder gar keinem Sauerstoff besonders wohl fühlen und sich entsprechend vermehren. Während ihrer jahrzehntelangen Arbeit lösen sie die Hülle des Wracks systematisch auf.

In zehn, fünfzig oder hundert Jahren - wer weiß ? - wird das von den Bakterien geschwächte Wrack in sich zusammenbrechen. Dann wird nur noch eine schemenhafte Illusion an das Schiff erinnern. Doch selbst diese Überreste werden von den Bakterien verzehrt werden.

Innerhalb kurzer Zeit - wenigstens nach geologischen Maßstäben - wird nichts mehr an die Titanic erinnern.

Um die Zerstörung aufzuhalten und wichtige, sammelnswerte Objekte auszuwählen, die einen historischen Wert haben, hat das National Maritime Museum zusammen mit RMS Titanic Inc. eine gemeinsame internationale Kommission gegründet, um ein permanentes Titanic-Museum einzurichten und gleichzeitig Schritte einzuleiten, die das Wrack wirksam schützen können. Außerdem soll nach Lösungen für einen Schutz des unter Wasser liegenden Erbes gesucht werden.

Ohne die Arbeit der Konservatoren wäre dieser Topf bald in der Tiefe zerstört worden.

Titanic: Gestern, heute, morgen ─────────────────────────────── *165*

Im Gegensatz zu dem auf den Farbseiten abgebildetem Exemplar zeigt dieser Teil der vorderen Pfeife die Effekte der Druckverhältnisse unter Wasser. (RMS Titanic)

Kann dieser Koffer Hinweise auf das Leben der Passagiere an Bord der Titanic geben? (RMS Titanic)

Dieses Engagement wurde durch eine internationale Fachkonferenz über historische Schiffswracks am 3. und 4. Februar 1995 unterstrichen. Die Delegierten sprachen über den Schutz historischer Wracks in internationalen Gewässern und machten auch konkrete Vorschläge, deren Verwirklichung allerdings, weil viele Länder betroffen sind, noch lange Zeit in Anspruch nehmen wird.

RMS Titanic hat dem Versprechen, die Objekte nicht auseinanderzureißen, Taten folgen lassen und plant eine wesentlich umfangreichere Wanderausstellung. Ort der Ausstellung ist ein Schiff, das von Harland and Wolff in Belfast, nur wenige Meter vom Bauort der Titanic entfernt, auf Kiel gelegt werden soll.

Das gut 70 Meter lange und 25 Meter breite Schiff wird auf drei Decks die Geschichte und die Objekte der Titanic zeigen. Die Ausstellung soll weltweit von Hafen zu Hafen reisen, wobei die ersten Stopps in amerikanischen Häfen geplant sind.

Auch heute noch ist das Thema Titanic fast so kontrovers wie zu den Tagen, als in den USA und Großbritannien die Ursache ihres Untergangs erforscht wurde. Dabei werden einige Mysterien nie gelöst werden. Aber jeder Tauchgang wird uns den Antworten auf viele Fragen etwas näher bringen.

Durch die geborgenen Objekte können wir uns heute selbst ein Bild von Ruhm und

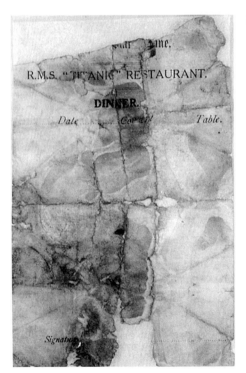

Links: *Bereit für die nächste Bestellung? Ein restaurierter Block aus dem à-la-carte-Restaurant.* (RMS Titanic)

Oben rechts: *Diese Aktentasche kann wichtige Informationen über seinen Besitzer offenbaren, die ansonsten endgültig verloren wären.* (RMS Titanic)

Rechts: *Diese Brieftasche, die dem kanadischen Geschäftsmann Major Arthur Peuchen gehörte, zeigt die Kunst der Restauratoren besonders deutlich.* (Electricité de France/RMS Titanic Inc)

Titanic: Gestern, heute, morgen ─────────────────────────── 167

Vor der endgültigen Aufarbeitung werden die einzelnen Postkarten aus einem Koffer sorgfältig voneinander getrennt. (LP3 Conservation/RMS Titanic)

Glorie des Schiffs machen und sind nicht mehr auf Berichte aus zweiter Hand angewiesen.

Als die Titanic am 10. April 1912 von Southampton aus in See stach, war ihr Ziel Untergang. Heute hat sie Kurs auf die Zukunft genommen, nicht nur für sich selbst, sondern für alle Zeitgenossen mit einem Sinn für Geschichte.

Das Unternehmen RMS Titanic plant ein schwimmendes Museum, um die Objekte des Schiffs weltweit den Menschen zeigen zu können. (RMS Titanic)

Anhang eins

Um die Größe der Titanic einordnen zu können, ist ein Vergleich mit der Mauretania (ihre potentiell bedeutendste Konkurrenz) und der United States angebracht.

	Titanic	Mauretania	United States
Kiellegung	31. März 1909	September 1904	8. Februar 1950
Stapellauf	31. Mai 1911	20. September 1906	23. Juni 1951
Jungfernfahrt	10. April 1912	16. November 1907	3. Juli 1952
Länge (über alles)	269 Meter	245 Meter	302 Meter
Größte Breite	28 Meter	27 Meter	31 Meter
Tiefgang	18 Meter	17 Meter	21 Meter
Tonnage (brutto)	46 329 Tonnen	31 938 Tonnen	50 924 Tonnen
(netto)	21 831 Tonnen	8948 Tonnen	24 475 Tonnen
Zahl der Decks	7	7	7
Maschine	2 dreifache Ausdehnungsmaschinen und 1 Turbine	4 Turbinen	4 Turbinen
Leistung	46 000 PS	68 000 PS	240 000 PS
Geschwindigkeit	21 Knoten	25 Knoten	33 Knoten
Höchstgeschw. (gesch.)	23 - 24 Knoten	mehr als 30 Knoten	mehr als 38 Knoten
Passagiere 1. Klasse	735	563	882
2. Klasse	674	464	685
3. Klasse	1026	1138	718
Offiziere und Besatzung	885	812	1068
Letzte Reise	10. April 1912	26. September 1934	1. November 1969
Dienstzeit	4,5 Tage	27 Jahre	17 Jahre

Anhang zwei

Die Dienstzeit der Titanic kann in Stunden gemessen werden.
Im folgenden die wichtigsten Daten:

1909

31. März   Kiellegung (Auftragnummer 390904)

1911

31. Mai   Stapellauf

1912

20. März   Ursprüngliches Datum für die Jungfernfahrt - wegen Reparaturen an der Olympic nach der Kollision mit HMS Hawke verschoben.

31. März   Ausstattung beendet (Nummer 131428)

1. April   Für dieses Datum vorgesehene Testfahrten werden um einen Tag verschoben.

2. April   6.00 Uhr   Beginn der Testfahrten

           20.00 Uhr   Überfahrt nach Southampton. Feuer in Kohlenbunker Nummer sechs.

4. April   Eintreffen in Southampton

10. April   12.15 Uhr   Beginn der Jungfernfahrt. An Bord: 195 Passagiere in der ersten Klasse; 234 in der zweiten Klasse; 497 in der dritten Klasse. Besatzung: 909. Passagiere für Cherbourg und Queenstown: 29. Feuer in Kohlenbunker Nummer sechs.

           18.35 Uhr   Eintreffen in Cherbourg. 22 Passagiere gehen von Bord. 142 Passagiere der ersten Klasse gehen an Bord; 30 Passagiere der zweiten Klasse; 102 in der dritten Klasse.

           20.10 Uhr   Ablegen in Cherbourg

11. April   11.30 Uhr   Eintreffen in Queenstown, von Bord sieben Passagiere, ein Besatzungsmitglied; an Bord sieben Passagiere der zweiten Klasse; 113 der dritten Klasse. Insgesamt an Bord: 1320 Passagiere, 908 Besatzungsmitglieder.

           13.30 Uhr   Abfahrt Queenstown

                           Zurückgelegte Meilen: 386

12. April   Zurückgelegte Meilen: 519

Anhang zwei ———————————————————————— *171*

13. April		Zurückgelegte Meilen: 546
	13.00 Uhr	Feuer im Kohlenbunker sechs gelöscht.
14. April	9.00 Uhr	Caronia berichtet Eis bei 42° N von 49° bis 50°.
	13.42 Uhr	Titanic an der Position 42°35' N, 45°50' W.
	13.45 Uhr	Amerika berichtet Eis bei 41°27'N, 50°8' W.
	17.50 Uhr	Titanic erreicht „The Corner" - 42° N, 47° W.
		Kurswechsel von S 62° W auf S 86° W.
	19.00 Uhr	Lufttemperatur sechs Grad.
	19.15 Uhr	Der erste Offizier Murdoch befiehlt die Abdämmung des Vordecks, damit die Wachen im Ausguck nicht irritiert werden.
	19.30 Uhr	Temperatur vier Grad.
		Californian berichtet Eis bei 42°3' N, 49°9' W.
	20.40 Uhr	Wachoffizier Lightoller befiehlt die Kontrolle der Wasservorräte, um Einfrieren zu verhindern.
	21.00 Uhr	Temperatur ein Grad.
	21.40 Uhr	Mesaba berichtet Eis bei 42° N bis 41°25' N, 49° W bis 50°30' W. Die Warnung wird nie auf die Brücke gebracht.
	22.00 Uhr	Der erste Offizier Murdoch löst den zweiten Offizier Lightoller auf der Brücke ab. Lee und Fleet lösen Jewell und Symons im Ausguck ab. Temperatur 0 Grad.
	22.30 Uhr	Wassertemperatur 0 Grad.
	23.00 Uhr	Californian versucht, die Titanic zu warnen, wird aber vom Titanic-Funker abgewiesen.
	23.40 Uhr	Kollision mit Eisberg.
15. April	0.00 Uhr	Hogg und Evans lösen Lee und Fleet im Ausguck ab.
	0.05 Uhr	Kapitän Smith befiehlt die Freilegung der Rettungsboote.
	0.10 Uhr	Der vierte Offizier Boxhall berechnet die Position: 41°46' N, 50°14' W.
	0.15 Uhr	Erster Hilferuf der Titanic CQD: Come Quick Danger.
	0.45 Uhr	Erste Notrakete abgeschossen. Erstes Rettungsboot (Nr. 7) zu Wasser gelassen. Statt CQD wird SOS gefunkt.
	1.40 Uhr	Letzte Notrakete abgeschossen.
	2.05 Uhr	Letztes Rettungsboot (Faltboot D) zu Wasser gelassen.
	2.10 Uhr	Letzter Funkspruch.
	2.18 Uhr	Lichter erlöschen.
	2.20 Uhr	Untergang mit 1523 Menschen an Bord.
	3.30 Uhr	Die Raketen der Carpathia werden von Überlebenden gesichtet.
	4.10 Uhr	Erstes Rettungsboot wird von der Carpathia an Bord geholt.
	8.10 Uhr	Letztes Rettungsboot (Nummer 12) kommt an Bord.
	8.50 Uhr	Carpathia nimmt mit 705 Überlebenden Kurs auf New York.
18. April	21.25 Uhr	Carpathia geht an Pier 54 in New York vor Anker.

Die angegebenen Zeiten beziehen sich auf die örtlichen Zeiten.

Anhang drei

Der Mut der Titanic-Besatzung und ihrer Passagiere ist unvergessen. Denkmäler, Plaketten und Gebäude erinnern an die Männer und Frauen, die sich durch hervorragende Leistungen auszeichneten. Noch heute gemahnen die durchgängig besetzten Funkkabinen und ausreichende Ausrüstung der Linienschiffe mit Rettungsbooten an das Vermächtnis der Titanic.

Solange Menschen die Ozeane überqueren und solange die Herzen bei „Näher mein Gott zu Dir" aufgehen, werden die Männer und Frauen der Titanic nicht vergessen sein.

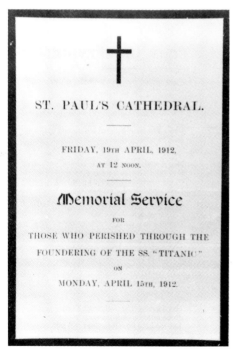

Links: *Der erste Gottesdienst für die Titanic-Opfer fand in St. Paul's Cathedral in London statt. Die Abbildung zeigt die erste Seite des Programms.* (Bob Forest Collection)

Rechts: *Beim Begräbnis von Bandleader Wallace Hartley in seiner Heimatstadt Colne war die ganze Gemeinde auf den Beinen.* (Daily Sketch)

Anhang drei — 173

Anhang drei

Rechts: *Zu Ehren der Titanic-Techniker wurde dieses Denkmal in Liverpool errichtet.* (Autoren-Archiv)

Ganz links: *Hartleys Mitbürger stifteten diese Säule für den tapferen Musiker.* (Arnold Watson Collection)

Links: *Das Denkmal für die ertrunkenen Passagiere wurde 1972 auf das Geländer der Holy Road Church in Southampton verlegt.* (Autoren-Archiv)

Rechts: *In der Nähe des Rathauses von Belfast steht diese Statue, die an die Titanic erinnert.* (Autoren-Archiv)

Links: *Die Gedenkstätte für die Ingenieure in einem Park in Southampton wurde 1914 errichtet.* (Autoren-Archiv)

Oben links: *Das Leuchtfeuer auf dem Seaman's Church Institute in New York war ein Wahrzeichen, das in den sechziger Jahren, als das Gebäude abgerissen wurde, in den South Street Seaport verlegt wurde.* (Autoren-Archiv)

Oben: *Helen Melville Smith weihte dieses an ihren Vater Edward J. Smith erinnernde Denkmal in Lichfield, Staffordshire, ein.* (Arnold Watson Collection)

Links: *In seiner Heimatstadt Godalming, Surrey, erinnert dieser Gedenkstein an den heldenhaften Funker John George Phillips.* (Marconi Marine)

Anhang drei ───────────────────────────────────── *177*

Oben: *Dieses Denkmal gedenkt Isidor und Ida Strauss und steht in New York an der Ecke Broadway und West 106. Straße.* (Autoren-Archiv)

Unten: *Mrs. William Howard Taft, Gattin des verstorbenen amerikanischen Präsidenten, leitete 1931 die Einweihung des an die Frauen der Titanic erinnernden Denkmals.* (Autoren-Archiv)

Anhang vier

Seit 0.15 Uhr am Montag, 15. April, als der Funker John Phillips zum erstenmal die Position der Titanic (fehlerhaft, was schnell korrigiert wurde) funkte, gab es nur Mutmaßungen über die tatsächliche Position des Schiffs. 73 Jahre lang entging das Wrack allen Ortungsversuchen. Im folgenden einige Koordinaten:

Die vom vierten Offizier Boxhall geschätzte Position:	41°46' N, 50°14' W
Der falsche Funkspruch von 24.15 Uhr:	41°44' N, 50°24' W
Californians errechnete Position, 14. April 1912, 22.21 Uhr:	42°05' N, 50°07' W
Carpathias Position bei der Aufnahme der Überlebenden;	
von Californian geschätzt:	41°36' N, 50°00' W
geschätzt von Birma:	41°36' N, 49°45' W
Grimm/Harris-Expedition 1980:	41°40'-41°50' N, 50°00'-50°10' W
Grimm/Harris-Expedition 1981:	41°39'-41°44' N, 50°02'-50°08' W
Grimm/Harris-Expedition 1983:	in der Nähe von 41°08' N, 50°03' W
Ifremer 1985	41°43'-41°51' N, 49°55'-50°12' W
Woods Hole 1985	41°35'-41°46' N, 49°52'-50°10' W

Die Position des Wracks nach Robert Ballard in seinem Buch „The Discovery of the Titanic":

Die Bugabteilung:	41°43'57" N, 49°56'49" W
Zentrum der Kesselabteilung:	41°43'32" N, 49°56'49" W
Heckabteilung:	41°43'35" N, 49°56'54" W

In der Breite 41°46' N entsprechen	1°	1'
Nautische Meilen	59,97	0,99
Landmeilen	69,01	1,1